"十二五"普通高等教育规划教材

无机材料制备与合成实验

刘树信　主　编

何登良　刘瑞江　副主编

化学工业出版社

·北京·

本实验教材共包括33个实验项目，涉及化学沉淀法、均相沉淀法、水热法、溶胶-凝胶法、喷雾干燥法、微乳液法、室温固相法、高温固相法、原位合成法等实验室常用的无机非金属材料制备方法，以及与无机非金属材料相关的分析及表征方法与技术。同时对相关材料的物理和化学性质、性能以及在实际中的应用进行了介绍。本实验教材内容涉及化学、材料、化工、环境、能源、物理等多个领域，可作为高等学校化学及相关专业学生实验教材，也可作为广大从事化学、材料、化工、能源等方面研究、开发、生产及相关工作人员的参考书。

图书在版编目（CIP）数据

无机材料制备与合成实验/刘树信主编 . —北京：化学工业出版社，2015.7（2024.8重印）
"十二五"普通高等教育本科规划教材
ISBN 978-7-122-24165-8

Ⅰ.①无…　Ⅱ.①刘…　Ⅲ.①无机材料-制备-实验-高等学校-教材②无机材料-合成-实验-高等学校-教材
Ⅳ.①TB321-33

中国版本图书馆 CIP 数据核字（2015）第 118411 号

责任编辑：杨　菁	文字编辑：李锦侠
责任校对：王素芹	装帧设计：刘剑宁

出版发行：化学工业出版社（北京市东城区青年湖南街 13 号　邮政编码 100011）
印　　装：涿州市般润文化传播有限公司
787mm×1092mm　1/16　印张 6¾　字数 158 千字　2024 年 8 月北京第 1 版第 6 次印刷

购书咨询：010-64518888　　　　　　　　售后服务：010-64518899
网　　址：http://www.cip.com.cn
凡购买本书，如有缺损质量问题，本社销售中心负责调换。

定　价：30.00元

编写人员

主　编　刘树信

副主编　何登良　刘瑞江

编　委　刘树信　何登良　刘瑞江　陈　宁

　　　　　杜军良　郭文宇　何冀川　黎国兰

　　　　　李　松　唐　杰　王　洪

前　言

  《无机材料制备与合成实验》旨在帮助学生在完成基础化学实验，掌握了化学实验基本理论和基本操作的基础上，进一步提高学生的专业能力和技能。本实验教材的实验内容立足于"材料制备与合成技术"，结合现代无机材料领域近年来的最新研究成果，引进与材料科学最新进展相关的先进制备与表征测试技术，与学科前沿紧密结合。根据材料学科的专业特点以及本、专科实验课程的教学要求，本实验教材包括实验室常用的合成方法和手段以及材料表征与测试技术，充分体现了科学研究和教学的相互联系。本实验教材既考虑了本学科的基础与专业特点，注重体现材料合成的基本原理、常用实验方法与学科发展背景，又对材料的相关性能及应用有所涉及。另外，本实验教材还兼顾实验内容的先进性与代表性，涵盖了无机材料领域的诸多方面，其中不少实验可以作为专业应用型或学科前沿型实验研究专题。

  《无机材料制备与合成实验》中的相关实验内容，大部分是各位作者在其科研领域多年的研究成果，文章发表于近年国内、外各著名期刊。《无机材料制备与合成实验》可作为高校本、专科教学的实验教材及相关技术人员的重要参考书，亦可作为高校研究生的教学参考书。

  本书介绍了 33 个实验项目，参编人员及分工如下。

  刘树信（实验教材的整体设计，实验 1、2、4、6、7、9、10、12～15、19、32）；何登良（实验 8、11、24～29）；刘瑞江（实验 5、16）；陈宁（实验 31、33）；郭文宇（实验 20）；杜军良（实验 17）；唐杰（实验 18）；王洪（实验 22）；黎国兰（实验 23、30）；李松（实验 21）；何冀川（实验 3）。

  绵阳师范学院对本实验教材的编写给予了经费支持，同时还得到了化学工业出版社的鼎力相助。同时，江苏大学药学院也给予了热情的帮助，在此表示衷心的感谢！

  由于编者水平有限，本实验教材中疏漏及欠妥之处在所难免，恳请广大读者不吝指正。

编　者

2015 年 1 月于绵阳师范学院

目 录
CONTENTS

实验 1　化学共沉淀法制备超细碳酸锶粒子及其形貌控制

碳酸锶是生产其他锶盐的基本原料，也是最为重要的锶盐。由于采用碳酸锶制备的玻璃吸收 X 射线的能力较强，故其多用于彩色电视机与显示器阴极射线管的生产，因此它是一种重要的电子化学品；另外，为了达到设备小型化的目的，碳酸锶还可用于电磁铁、锶铁氧体等磁性材料的制备（铁酸锶磁石比铁酸钡磁石具有高矫顽场强、磁学性能优越的特点，特别适宜音响设备小型化）以制成小型电机、磁选机和扬声器等；碳酸锶在高档陶瓷的生产中也有重要的应用价值（在陶瓷中加入适量的碳酸锶粉体作配料，可以减少皮下气孔，扩大烧结范围，增加热膨胀系数）[1]。此外，碳酸锶还广泛应用于医药、化学试剂、颜料、涂料、电容、电解锌、制糖、烟火和信号弹等行业[2~6]，是一种非常重要的资源。

一、实验目的

1. 掌握共沉淀法制备无机材料粉体的基本原理。
2. 掌握无机材料的物相表征方法。
3. 了解控制无机材料颗粒形貌的一些方法和原理。

二、实验原理

化学共沉淀法是液相化学反应合成粉体材料的常用方法。一般是把化学原料以溶液状态混合，包含一种或多种离子的可溶性盐溶液，并向溶液中加入适当的沉淀剂（如 OH^-、$C_2O_4{}^{2-}$、CO_3^{2-} 等），使溶液中已经混合均匀的各个部分按化学计量比共同沉淀出来，形成不溶性的氢氧化物、水合氧化物或盐类从溶液中析出，将溶剂和溶液中原有的阴离子洗去，得到产品沉淀物。如果需要制备氧化物粉体，则将所得到的沉淀物经热解或脱水即可。化学共沉淀法的优点是：反应过程简单，成本低，产物化学成分均一，便于推广和工业化生产。能避免固相法需要长时间混合焙烧，耗能大，研磨时易引入杂质等问题。

本实验以 $SrCl_2 \cdot 6H_2O$ 为反应物，加入 Na_2CO_3 使 Sr^{2+} 沉淀生成 $BaCO_3$。

$$SrCl_2 + Na_2CO_3 \longrightarrow 2NaCl + SrCO_3 \downarrow \tag{1-1}$$

为了开拓材料的多种用途和功能，近年来，对无机新型材料粒子的粒度和形貌进行有效的调控已成为该材料被广泛应用和功能化的关键因素，其中对粒度的控制研究已经取得了一定的进展，例如，采用超重力技术、模板技术、微乳液技术、固相合成技术以及超声波技术等均可达到对产品粒度控制的目的[7~9]，但对于形貌调控的研究还处于起始阶段。

晶体生长所形成的几何外形，是由所出现晶面的种类和它们的相对大小决定的，也是由各晶面间的相对生长速度关系决定的。至于各晶面生长速度不同，本质上是受结构控制的，这遵循一定的规律。但实际上，它们不可避免地要受到生长时各种环境因素的影响。所以，一个实际晶体所表现的生长形貌是内部和外部两方面共同作用的结果[10,11]。

影响晶体形貌的内因：常见的经典晶体形貌的理论模型主要有布拉维法则、居里-吴里夫原理和周期键链理论等。布拉维法则以从晶体的面网密度出发，并考虑了晶体结构中螺旋位错和滑移对晶体最终形貌的影响，给出了晶体的理想生长形貌；居里-吴里夫原理指出在晶体生长中，就晶体的平衡态而言，各晶面的生长速度与该晶面的表面能成正比；周期键链理论从分子间的键链性质和结合能的角度出发描述了它们与晶体的生长形貌之间的关系。

影响晶体形貌的外因：影响晶体生长形态的外部因素主要有涡流、温度、杂质、介质黏度和过饱和度等。例如，涡流可以使得溶液对生长晶体的物质供应不均匀，使处于容器中不同位置上的晶体具有不同形态；介质温度的变化，可以直接导致过饱和度及过冷却度的变化，同时使晶面的比表面自由能发生改变，可以使得不同晶面的相对生长速度有所改变，从而影响晶体的形貌，等等。

通过使用添加剂是控制材料颗粒形貌的有效方法。添加剂可以在不同晶面上进行选择性地吸附，从而可以控制和改变不同晶面间的生长速率，达到控制晶体形貌的目的。

三、 实验药品及仪器

主要试剂：六水氯化锶（$SrCl_2 \cdot 6H_2O$，AR），无水碳酸钠（Na_2CO_3，AR），乙二胺四乙酸二钠（EDTA，$C_{10}H_{14}N_2O_8Na_2 \cdot 2H_2O$，AR）。

主要仪器：恒温磁力搅拌器，烧杯，红外线干燥箱，X 射线粉末衍射仪，扫描电子显微镜。

四、 实验步骤

① 配置 0.5mol/L 的氯化锶溶液和碳酸钠溶液。

② 分别取 100mL 的上述氯化锶溶液和碳酸钠溶液于 500mL 的烧瓶中，按照 EDTA 相对于氯化锶的含量，向氯化锶溶液中分别添加 0、1%、10%、20%、50% 的 EDTA（均指质量分数），搅拌均匀，使得 EDTA 完全溶解在溶液当中。

③ 室温下，在磁力搅拌的条件下，缓慢向氯化锶溶液中倒入碳酸钠溶液，反应 10min，生成白色沉淀即为碳酸锶粉体。

④ 将上述白色产品用蒸馏水洗涤 3～5 次，过滤，置于红外干燥箱中干燥，最后得到碳酸锶粉体。

⑤ 在实验过程中（洗涤过滤前）可以采用光学显微镜对产品进行粗略的形貌观察。

⑥ 采用 X 射线粉末衍射仪对产品进行物相分析；采用扫描电子显微镜对产品进行形貌观察。

五、 实验记录与结果分析

① 物相分析结果：

样　品	物 相 名 称	晶　系	(111)晶面间距
空白样			
添加 5%EDTA			
添加 20%EDTA			
添加 50%EDTA			

② 颗粒形貌：

样　品	颗　粒　形　貌
空白样	
添加 5％EDTA	
添加 20％EDTA	
添加 50％EDTA	

③ 实验结论：_____

_____

_____

六、思考题

1. 通过实验总结化学共沉淀法的缺点是什么？

2. EDTA 是否包覆在颗粒表面，通过什么方法可以进行分析和表征？

3. 分析 EDTA 控制碳酸锶颗粒形貌的原因。

参考文献

[1] 韩恒泰.SrCO₃生产概况及应用和市场发展方向 [J].无机盐工业，1989，29（3）：23-27.

[2] 司徒杰生.无机化学品手册 [M].第 3 版.北京：化学工业出版社，1999.

[3] http://baike.baidu.com/view/133659.htm，2006.4.18.

[4] Erdemoglu M, Canbazoglu M. The leaching of SrS with water and the precipitation of SrCO₃ from leach solution by different carbonating agents [J]. Hydrometallurgy, 1998, 49：135-150.

[5] Owusu G, Litz J E. Water leaching of SrS and precipitation of SrCO₃ using carbon dioxide as the precipitating agent [J]. Hydrometallurgy, 2000, 57：23-29.

[6] Omata K, Nukui N, Hottai T, et al. Strontium carbonate supported cobalt catalyst for dry reforming of methane under pressure [J]. Catalysis Communications, 2004, 5 (12)：755-758.

[7] 霍冀川，刘树信，王海滨.碳酸钡粒子度与形貌控制研究进展：1 粒度控制 [A].2005 年全国钡锶盐技术与信息交流大会论文集 [C].中国化工学会无机酸碱盐专业委员会，天津化工研究设计院.四川成都：2005，33-36.

[8] 梁文平，殷福珊.表面活性剂在分散体系中的应用 [M].北京：中国轻工业出版社，2003.

[9] 周益明，许娟，孙冬梅等.尿素 Fe（Ⅲ）配合物的固相合成 [J].应用化学，2003，20（3）：305-306.

[10] 罗谷风.结晶学导论 [M].北京：地质出版社，1985.

[11] 张克从，张乐潓.晶体生长 [M].北京：科学出版社，1981.

实验2 化学共沉淀法制备纳米 Fe_3O_4 粉体及物相分析

在众多磁性材料中以铁磁材料的研究最为广泛，而在铁磁材料中又以纳米 Fe_3O_4 的研究最为普通。四氧化三铁的化学稳定性好，原料易得，价格低廉，已成为无机颜料中较重要的一种，广泛应用于涂料、油墨等领域；在电子工业中由于四氧化三铁纳米粒子的磁性比大块本体材料强许多倍，其粒子的粒径小于 20nm，具有超顺磁性[1]，超细 Fe_3O_4 是磁记录材料，磁性流体，气、湿敏材料[2,3]的重要组成部分。另外超细 Fe_3O_4 还可作为微波吸收材料及催化剂[4~6]。近年来，四氧化三铁纳米粒子在生物医学方面表现出潜在的广泛用途，成为备受关注的研究热点。

1. 催化剂

在催化方面的应用：纳米粒子表面有效反应中心多，为纳米粒子作催化剂提供了必要的条件。如用 Pt 黑、Ag、Al_2O_3 和 Fe_2O_3 在高聚物氧化还原及合成中作催化剂，可大大提高其反应效率，很好地控制反应速率和温度。

2. 传感器

在传感器方面的应用：纳米粒子由于其巨大的表面和界面，对外界环境如温度、光、气体等十分敏感，外界环境的变化会迅速引起表面或界面离子价态和电子运输的变化，是用于传感器方面最有前途的材料。如利用纳米 NiO、Fe_2O_3 和 SiC 载体温度效应引起电阻变化，可制成温度传感器。

3. 磁记录材料

在磁记录上的应用：磁性纳米粒子由于粒径小，具有磁畴结构，矫顽力很高，用它作磁记录材料可以提高信噪比，改善图像质量。如日本松下电器公司已制成的纳米级微粒录像带，具有图像清晰、信噪比高、失真小等优点。

4. 工程方面

纳米粒子的小尺寸效应和表面效应，使得通常在高温下烧结的材料（如 SiC、WC、BN等）在纳米态下可以在较低的温度下进行烧结，且不用加强剂仍使其保持良好的性能。

5. 生物医学工程

由于纳米粒子比红细胞小得多，可以自由地在血液中活动。因此，可以注入各种纳米粒子到人体的各个部位，检查病变和治疗。如用纳米粒子可进行定位病变治疗。

一、 实验目的

1. 学习共沉淀反应合成化合物的基本过程。
2. 复习材料物相分析的方法。

二、 实验原理

化学共沉淀法是指在含两种或两种以上阳离子的溶液中加入沉淀剂后，所有离子完全沉淀的方法。该法其实是溶液中形成的交替粒子的凝聚过程。可分为两个阶段：第一个阶段是形成晶核，第二个阶段是晶核成长。可大量制备高分散的 Fe_3O_4 颗粒，且颗粒尺寸分布范围窄，颗粒直径小且易于控制、设备要求低、成本低、操作简单、反应时间短，颗粒的表面活性强。

该法是最早采用的液相化学反应合成金属氧化物纳米颗粒的方法。它在有两种或多种阳离子反应后，可得到成分均一的沉淀。将二价铁盐（Fe^{2+}）和三价铁盐（Fe^{3+}）按一定比例混合，加入沉淀剂（OH^-），搅拌反应即得超微磁性 Fe_3O_4 粒子，反应式为：

$$Fe^{2+} + Fe^{3+} + OH^- \longrightarrow Fe(OH)_2/Fe(OH)_3（形成共沉淀） \qquad (2\text{-}1)$$

$$Fe(OH)_2 + Fe(OH)_3 \longrightarrow FeOOH + Fe_3O_4 (pH \leqslant 7.5) \qquad (2\text{-}2)$$

$$FeOOH + Fe^{2+} \longrightarrow Fe_3O_4 + H^+ (pH \geqslant 9.2) \qquad (2\text{-}3)$$

总反应为：　　$$Fe^{2+} + 2Fe^{3+} + 8OH^- \longrightarrow Fe_3O_4 + 4H_2O \qquad (2\text{-}4)$$

在整个制备过程中，共沉淀反应是在氮气的保护下进行的，这样才能避免 Fe^{2+} 被氧化，保证生成的产物是 Fe_3O_4，生成的 Fe_3O_4 一定要防止被氧化，否则将导致 Fe_3O_4 纯度很低。

三、　实验仪器和试剂

主要试剂：九水硝酸铁 [$Fe(NO_3)_3 \cdot 9H_2O$，AR]，四水氯化亚铁（$FeCl_2 \cdot 4H_2O$，AR），氢氧化钠（NaOH，AR），氮气（N_2）。

主要仪器：集热式恒温加热磁力搅拌器，红外线干燥箱，其他玻璃仪器等。

四、　实验步骤

1. 滴定反应

装好装置图，如图 2-1 所示，选择适当的水温，并保持不变。向烧瓶内加入 100mL 蒸馏水，打开氮气，并调好氮气的流出量。称取 2.99g $FeCl_2 \cdot 4H_2O$ 加入水中，开动磁力搅拌装置，待溶解后再加入 12.12g $Fe(NO_3)_3 \cdot 9H_2O$，溶解完全后，向体系滴加 3mol/L NaOH 溶液，并用 pH 计测定溶液 pH 值并控制最终 pH 值在某一个数值，观察滴定前后颜色的变化。在整个反应过程中，搅拌器始终处于开启状态，反应溶液处于氮气的保护下。

2. 离心处理

待反应至一定时间后，停止滴定，将产品倒出，用蒸馏水洗涤至用 $AgNO_3$ 检查无 Cl^-，

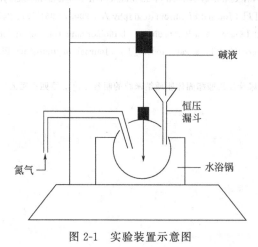

图 2-1　实验装置示意图

因所制得的产品粒径很小不易沉淀，所以洗涤操作及纳米颗粒的收集都采用离心处理。

3. 干燥处理

将离心所得的产物置于红外干燥箱中进行干燥，得到纳米颗粒的团聚体，然后将其在研钵中充分研磨，得到纳米颗粒粉体。

五、 材料的分析与表征

产品的物相鉴定采用 XRD 分析仪，采用入射波长为 1.5406nm，工作电压 35kV，工作电流为 60mA 进行测定，产品的粒径及晶胞参数的计算都可依据 XRD 分析所得的数据进行。XRD 的分析过程是比较简单的。首先获得试样的 X 射线衍射的数据，然后与国际粉末衍射标准联合会出版的 PDF 卡片进行对比，据此确定试样所具有的物相。

六、 实验记录与结果分析

① 根据 XRD 谱图，分析所制备粉体的物相结构。

② 计算产品的晶粒大小。

谢乐公式：
$$d = \frac{K\lambda}{B\cos\theta}$$

式中，K 为 Scherrer 常数，其值为 0.89；d 为晶粒尺寸，nm；B 为积分半高宽度，在计算的过程中，需转化为弧度，rad；θ 为衍射角，(°)；λ 为 X 射线波长，为 0.154056nm。

晶粒大小 $d =$ _____

③ 实验结论：_____

参考文献

[1] 李冬梅，徐光亮. 制备超顺磁性 Fe_3O_4 纳米粒子的研究进展 [J]. 中国粉体技术，2008, 14 (4): 55-58.

[2] 童乃虎，徐宏，古宏晨. 新型水基磁流体的制备及其生物磁热效应研究 [J]. 功能材料，2006, 37 (4): 555-558.

[3] 廖鹏飞，夏金兰，聂珍媛. 磁性微球的制备及在生物分离应用中的研究进展 [J]. 生物磁学，2005, 4 (5): 47-51.

[4] Jana Křížová, Alenaž Španová, Bohuslav Rittich et al. Magnetic hydrophilic methacrylate-based polymer microspheres for genomic DNA isolation [J]. Journal of Chromatography A, 2005, 1064 (2): 247-253.

[5] Lucía Gutiérrez, Francisco J Lázaro, Ana R Abadía, et al. Bioinorganic transformations of liver iron deposits observed by tissue magnetic characterisation in a rat model [J]. Journal of Inorganic Biochemistry, 2006, 100 (11): 1790-1799.

[6] 连佳芳，张三奇，顾宜. 氟尿苷二乙酸酯固体脂质纳米粒的制备 [J]. 第四军医大学学报，2006, 27 (3): 205-208.

实验3 共沉淀法制备 $LiNi_{1/3}Co_{1/3}Mn_{1/3}O_2$ 三元正极材料

随着人类文明的发展和人类数量的激增，尤其是工业革命之后，人类对能源的依赖和需求越来越大。传统的自然能源，例如煤、石油、天然气等不可再生的化石资源正在面临着枯竭和耗尽，人类正面临着严重的能源危机。伴随着能源危机，环境问题也日益突出。锂离子二次电池因其具有较高的能量密度、较长的循环寿命、无记忆效应、较低的自放电率和环境友好等优点，已成为二次电池的主要发展趋势，并且日益受到学术界及产业界的青睐。同时，在能源危机和环境危机的推动下，纯电动汽车（EV）、混合电动车（HEV）、燃料电池汽车（FCEV）的发展日趋成熟，因此，高性能、低成本的锂离子电池及相关材料也成为目前科研人员的研发重点和热点。

Li（Ni，Mn，Co）O_2 正极材料具有 α-$NaFeO_2$ 层状结构，Li 原子在锂层中占据 3a 位，过渡金属原子 Ni、Co 和 Mn 随机占据在 3b 位，而 O 原子则分布在共边的 MO_6（M＝Ni、Co 或 Mn）八面体中的 6c 位，锂离子则嵌入过渡金属原子与氧原子形成的（Ni，Mn，Co）O_2 层之间[1]。相对于 $LiMnO_2$ 正极材料，Li（Ni，Mn，Co）O_2 三元材料 Ni^{2+} 含量的减少降低了晶体结构的错位，增强了结构的有序性，从而提高了其电化学性能。Co 的添加也可以帮助减少 Ni^{2+} 在 Li 层的数量[2]，同时提高材料层状结构的稳定性和材料的电子电导率[3,4]，从而有效地提高了材料的比容量和循环性能。而锰的加入，不仅可以大幅度降低材料的成本，而且还能有效地改善材料的安全性能。

一、 实验目的

1. 掌握共沉淀法制备 $LiNi_{1/3}Co_{1/3}Mn_{1/3}O_2$ 正极材料的原理和方法。

2. 了解粉末 X 射线衍射分析的基本原理。掌握粉末 X 射线衍射实验方法，利用粉末 X 射线衍射数据进行物相分析。

3. 了解扫描电子显微镜的测试原理。掌握扫描电子显微镜样品制备方法，利用扫描电子显微照片观察样品形貌和粒径大小。

二、 实验原理

共沉淀法是指在溶液中含有两种或多种阳离子，它们以均相存在于溶液中，加入沉淀剂，经沉淀反应后，可得到各种成分均一的沉淀，它是制备含有两种或两种以上金属元素的复合氧化物超细粉体的重要方法，也是制备金属掺杂化学物的重要方法。

采用共沉淀前驱体法合成锂离子电池 $LiNi_{1/3}Co_{1/3}Mn_{1/3}O_2$ 正极材料。实验原理（以氢氧化物沉淀为例）如下：

$$1/3Ni^{2+}+1/3Co^{2+}+1/3Mn^{2+}+nNH_3+2NaOH \longrightarrow [Ni^{1/3}Co^{1/3}Mn^{1/3}(NH_3)_n](OH)_2 \downarrow +2Na^+ \tag{3-1}$$

$$[Ni_{1/3}Co_{1/3}Mn_{1/3}(NH_3)_n](OH)_2 \longrightarrow [Ni_{1/3}Co_{1/3}Mn_{1/3}](OH)_2+nNH_3 \tag{3-2}$$

$$[Ni_{1/3}Co_{1/3}Mn_{1/3}](OH)_2 + Li_2CO_3 \longrightarrow Li[Co_{1/3}Ni_{1/3}Mn_{1/3}]O_2 + H_2O + CO_2 \quad (3\text{-}3)$$

三、 实验仪器与试剂

主要试剂：镍盐、钴盐、锰盐（以硫酸盐为佳，分析纯），氢氧化钠（NaOH，AR），氨水（$NH_3 \cdot H_2O$，AR），碳酸氢铵（NH_4HCO_3，AR），碳酸钠（Na_2CO_3，AR），无水碳酸锂（Li_2CO_3，AR）。

主要仪器：常量玻璃仪器（漏斗和滤纸、表面皿、烧杯、10mL 和 100mL 量筒、锥形瓶、250mL 单颈或三颈烧瓶、滴液漏斗、药匙、吸液管、玻棒），铁架台，磁力搅拌加热装置及附属玻璃仪器，200℃温度计，抽滤装置，循环水式真空泵，坩埚。检测仪器：电子分析天平，X 射线衍射仪（XRD），扫描电镜（SEM）。

四、 实验步骤

1. 共沉淀剂的配制

配制 6mol/L NaOH 和 6mol/L $NH_3 \cdot H_2O$ 混合溶液 100mL 或 Na_2CO_3 的饱和溶液 [$Na_2CO_3 + NH_4HCO_3$（4:1）] 100mL。

2. 共沉淀前驱体的合成

利用控制结晶法合成镍、钴、锰三元共沉淀物前驱体。沉淀剂分别为 NaOH+$NH_3 \cdot H_2O$ 或 $Na_2CO_3 + NH_4HCO_3$。以 $n(Ni):n(Co):n(Mn)=1:1:1$ 的比例称取相应量的可溶性镍盐、钴盐、锰盐配成适当浓度的混合溶液，将此混合溶液和适当浓度的沉淀剂，滴加入到反应釜中，控制搅拌速度、pH 值、温度。反应一定时间后，陈化、过滤，所得沉淀用去离子水反复洗涤，干燥后得到镍、钴、锰三元共沉淀物前驱体 $Ni_{1/3}Co_{1/3}Mn_{1/3}$（OH）$_2$ 或 $Ni_{1/3}Co_{1/3}Mn_{1/3}CO_3$。

① 以 NaOH+$NH_3 \cdot H_2O$（浓度为 6mol/L）混合溶液为沉淀剂合成镍、钴、锰三元共沉淀物前驱体。分别称取 11.81g(0.044mol) $NiSO_4 \cdot 6H_2O$，7.55g(0.044mol) $MnSO_4 \cdot H_2O$，12.5g(0.044mol) $CoSO_4 \cdot 7H_2O$ 配制成 100mL 镍、钴、锰三元阳离子混合溶液。将混合溶液置于 250mL 三颈烧瓶或烧杯中，在 55℃恒温搅拌下，将 NaOH+$NH_3 \cdot H_2O$ 的共沉淀剂缓慢滴加入三元阳离子混合溶液中（约每秒一滴），当 pH=12.6 时，停止加液，继续搅拌 2h，静置陈化 3h，抽滤，并用去离子水反复洗涤，100℃下烘干，得镍、钴、锰三元共沉淀物前驱体。

② 以 $Na_2CO_3 + NH_4HCO_3$ 混合溶液为沉淀剂合成镍、钴、锰三元共沉淀物前驱体。分别称取 11.81g（0.044mol）$NiSO_4 \cdot 6H_2O$，7.55g（0.044mol）$MnSO_4 \cdot H_2O$，12.5g（0.044mol）$CoSO_4 \cdot 7H_2O$ 配制成 100mL 镍、钴、锰三元阳离子混合溶液。将混合溶液置于 250mL 三颈烧瓶或烧杯中，在 55℃恒温搅拌下，将 $Na_2CO_3 + NH_4HCO_3$ 沉淀剂缓慢滴加入金属盐溶液中（约每秒一滴），当 pH=7.5 时，停止加液，继续搅拌 2h，静置陈化 3h，抽滤，并用去离子水反复洗涤，100℃下烘干，得镍、钴、锰三元共沉淀物前驱体 [$Ni_{1/3}Co_{1/3}Mn_{1/3}$] CO_3。

3. 层状 $LiNi_{1/3}Co_{1/3}Mn_{1/3}O_2$ 正极材料的制备

以 $n(Li):n(Ni_{1/3}Co_{1/3}Mn_{1/3})=1.05:1$ 的比例将 Li_2CO_3 和镍、钴、锰三元共沉淀物前驱体 $Ni_{1/3}Co_{1/3}Mn_{1/3}$（OH）$_2$ 或 $Ni_{1/3}Co_{1/3}Mn_{1/3}CO_3$ 在研钵中充分研磨，将混合好的原料干燥后取一部分进行热重实验，以确定焙烧条件。将混合好的剩余原料放入干净的坩埚中，并用一定大小的压力将混合物压紧，然后将坩埚放入程序控温箱式电阻炉内，在空气气氛下先于480℃（升温速率为2℃/min）恒温4h，再升温至900℃（升温速率为2℃/h），保温12～16h后，随炉冷却至室温，取出研磨，得到目标产物锂离子电池LiNi$_{1/3}$Co$_{1/3}$Mn$_{1/3}$O$_2$正极材料。

4. 晶型测定

采用扫描电镜（SEM）观察材料的形貌，利用X粉末衍射实验（XRD）测定其晶型。

五、 实验记录与结果分析

① 确定合成正极材料的物相组成，测定材料的晶型。

a. LiNi$_{1/3}$Co$_{1/3}$Mn$_{1/3}$O$_2$与LiCoO$_2$的XRD结果对比：

样　品	物相名称	晶　系	某一衍射峰位置	有无杂质
LiCoO$_2$				
LiNi$_{1/3}$Co$_{1/3}$Mn$_{1/3}$O$_2$				

b. 对上述表格中存在的区别，分析其原因。

② 观察正极材料的颗粒形貌。

③ 实验结论：_____
_____

六、 思考题

1. 在共沉淀法制备多元氧化物时，应注意的主要问题是什么？
2. 沉淀剂的选取原则是什么？

参考文献

[1] 苏继桃. 锂离子电池用层状LiNi$_{1/3}$Co$_{1/3}$Mn$_{1/3}$O$_2$的合成工艺优化与性能研究 [D]. 中南大学博士学位论文，2007.

[2] Whittingham M S. Lithium batteries and cathode materials [J]. Chemical Reviews，2004，104 (10)：4271-4302.

[3] Li D，Yuan C，Dong J，et al，Synthesis and electrochemical properties of LiNi$_{0.85-x}$Co$_x$Mn$_{0.15}$O$_2$ as cathode materials for lithium-ion batteries [J]. Journal of Solid State Electrochemistry，2008，12 (3)：323-327.

[4] Oh S W，Myung S T，Kang H B，et al. Effects of Co doping on Li [Ni$_{0.5}$Co$_x$Mn$_{1.5-x}$] O$_4$ spinel materials for 5V lithium secondary batteries via co-precipitation [J]. Journal of Power Sources，2009，189 (1)：752-756.

实验4 尿素水解制备超细 BaCO₃ 粉体及颗粒形貌观察

碳酸钡是重要的基本化工原料之一，也是较为重要的钡盐之一。它的应用涉及钡盐、皮革、光学玻璃、陶瓷、电子管和钡铁氧体等，以及应用于制备超导体和陶瓷材料的前驱体材料[1~3]。碳酸钡产品大体上可分为粉状碳酸钡、粒状碳酸钡和高纯碳酸钡。按结晶形态，碳酸钡也可分为无定形和结晶型，其中结晶碳酸钡又分为 α、β、γ 三种结晶型态[4]，工业品为白色粉末，相对密度 4.43。α 型熔点 1740℃（90.9×10⁵Pa），982℃时 β 型转化成 α 型，811℃时 γ 型转化成 β 型。

我国现已查明的钡矿藏量居世界首位，其中碳酸钡矿主要产于重庆、四川、陕西等地，我国是世界上最大的碳酸钡生产国和出口国，但远不是一个生产强国。我国有碳酸钡生产企业 40 余家，但能与国外同类企业相抗衡的屈指可数，达到经济规模的企业仅有 2~3 家。我国碳酸钡产品结构单一，技术含量低，高纯度碳酸钡极少，国内只有 2 家生产，虽然有些工厂目前也在研究生产高纯度碳酸钡，但由于缺乏工业化生产装置，因而稳定性较差。高纯度碳酸钡（电子级产品）多由德国、意大利和日本公司生产，国内需求依赖进口，市场供不应求。

一、实验目的

1. 学习均相沉淀法合成超细粉体的原理及方法。
2. 熟悉粉体的制备过程。

二、实验原理

均相沉淀法是利用某一化学反应使溶液中的构晶离子（构晶阳离子或构晶阴离子）由溶液中均匀地、缓慢地释放出来的方法。在这种方法中由于沉淀剂是由溶液中沉淀剂宿主通过化学反应缓慢生成的，因此，只要通过在反应过程中很好地控制沉淀剂的生成速率，就可以使过饱和度控制在适当的范围内，从而达到对粒子生长速率的控制，获得粒度均匀、致密、结晶完整的粒子。均相沉淀法还具有原料成本低、工艺简单、操作简便、对设备要求不高、易于工业化的优点，在国内外受到越来越广泛的关注[5]。尿素在水溶液的温度逐渐升高至 70℃ 附近时，会发生水解，即：

$$CO(NH_2)_2 + 3H_2O \longrightarrow 2NH_4OH + CO_2 \uparrow \qquad (4\text{-}1)$$

采用尿素水解均相沉淀法制备碳酸钡，由于尿素在 70℃ 左右开始发生水解生成 CO₂，从而提供了 Ba²⁺ 的沉淀剂，又由于在八水氢氧化钡溶解的溶液中呈强碱性，所以整个反应过程可能存在着以下基本反应：

$$CO(NH_2)_2(aq) + 3H_2O \longrightarrow 2NH_4OH(aq) + CO_2(aq) \qquad (4\text{-}2)$$

$$NH_4OH(aq) \longrightarrow NH_4^+(aq) + OH^-(aq) \qquad (4\text{-}3)$$

$$Ba(OH)_2(s) \longrightarrow Ba^{2+}(aq) + 2OH^-(aq) \qquad (4\text{-}4)$$

$$CO_2(aq) + OH^-(aq) \longrightarrow HCO_3^-(aq) \tag{4-5}$$

$$HCO_3^-(aq) + OH^-(aq) \longrightarrow CO_3^{2-}(aq) + H_2O \tag{4-6}$$

$$Ba^{2+}(aq) + CO_3^{2-}(aq) \longrightarrow BaCO_3(s) \tag{4-7}$$

由于反应式(4-2)是一缓慢水解过程,同时在强碱的环境下,CO_2的气液平衡倾向于液相,使得式(4-5)、式(4-6)有反应的可能。也使得式(4-4)和式(4-7)几乎是同时进行反应,这样整个反应一直向着碳酸钡生成的方向进行。

三、 实验药品及仪器

主要试剂:八水氢氧化钡[$Ba(OH)_2 \cdot 8H_2O$,AR],尿素[$CO(NH_2)_2$,AR],去离子水。

主要仪器:烧杯若干,量筒若干,锥形瓶1个,分析天平,恒温磁力搅拌器,过滤器等。

四、 实验步骤

① 准确称取能合成10g $BaCO_3$产品的八水氢氧化钡,溶解于装有150mL去离子水的锥形瓶中,溶解后加入一定量的尿素(八水氢氧化钡与尿素的摩尔比为1:5),搅拌均匀。开始向反应液中添加一定含量的EDTA(氢氧化钡用量的0、5%、20%和50%),以控制碳酸钡粉体的颗粒形貌。

② 将锥形瓶密封放入恒温磁力搅拌器中,控制温度在85℃恒温加热,并不断搅拌,恒温反应4h。观察颗粒形貌。

③ 反应结束后,用热水洗涤3次,再分别用乙醇和去离子水洗涤至无Ba^{2+},然后放入干燥箱于110℃下干燥。

五、 实验记录与结果分析

① 计算碳酸钡粒子的产率。

② 观察碳酸钡粒子的颗粒形貌。

样 品	颗粒形貌
空白样	
添加 5%EDTA	
添加 20%EDTA	
添加 50%EDTA	

③ 对以上各产品进行物相对比分析。

④ 实验结论:_____

_____

六、 思考题

1. 本实验方法与共沉淀法的主要区别是什么?

11

2. 判断粉体粒子的形貌。

参考文献

[1] Su Lihong，Qiao Shenru，Xiao Jun，et al. Preparation and characterization of fine barium carbonate particles [J]. Materials Research society Symposium-Proceedings，2003，737：347-350.

[2] Melzer K，Martin A，Mossbauer study of the Reaction between Barium Carbonate and Iron（Ⅲ）Oxide [J]. Physica Status Solidi（A）Applied Research，1988，107（2）：163-168.

[3] Bennett A L，Goodrich H R. The reactivity test for determining the value of barium carbonate as a scum preventative [J]. American Ceramic Society Journal，1930，13（7）：461-469.

[4] 司徒杰生. 无机化工产品 [M]. 北京：化学工业出版社，1999.

[5] 刘树信，王海滨，霍冀川等. 超细碳酸钡和碳酸锶制备研究进展 [J]. 无机盐工业，2007，39（8）：1-3.

实验5 均匀沉淀法制备 α-Fe₂O₃ 超细粉体的研究

超细 α-Fe₂O₃ 在高新技术领域中得到了广泛的应用，其不仅可以作为优良软磁铁氧体材料的主要成分，还可以作为磁性材料用于高密度化记录，同时也是一种新型传感器材料，具有较强的敏感性能，不需要掺杂贵金属。在光吸收、磁记录材料、精细陶瓷、塑料制品、涂料、催化剂和生物医学工程等方面有广泛的应用价值和开发前景[1,2]。目前，主要采用溶胶-凝胶法[3]、电化学合成法[4]、微波辐射法[5]、燃烧合成法[6]、水热法等[7]不同方法制备合成 α-Fe₂O₃ 粉体，然而对于如何获得尺寸可控、高分散和稳定性好的 α-Fe₂O₃ 粉体仍然是目前材料科学领域的研究目标之一。本文采用均匀沉淀法制备了超细 α-Fe₂O₃，其粒子粒度分布均匀，大小可控，分散性良好。

一、 实验目的

1. 掌握金属氧化物合成的一般过程。
2. 学习和了解尿素水解的基本过程及条件。
3. 掌握材料物相结构的分析方法。

二、 实验原理[8]

实验采用尿素水解均匀沉淀法制备前驱体 $Fe(OH)_3$，由于尿素在 70℃ 左右开始发生水解生成 NH_4OH，从而提供了 $Fe^{3+}\{[Fe(H_2O)_6]^{3+}\}$ 的沉淀剂 OH^-，整个反应过程可能存在着以下基本反应：

$$(NH_2)_2CO(aq)+3H_2O \longrightarrow 2NH_4OH(aq)+CO_2(g) \tag{5-1}$$

$$NH_4OH(aq) \longrightarrow NH_4^+(aq)+OH^-(aq) \tag{5-2}$$

$$3OH^-(aq)+[Fe(H_2O)_6]^{3+}(aq) \longrightarrow Fe(OH)_3(s)+6H_2O \tag{5-3}$$

因为尿素受热水解过程缓慢，所以释放出 OH^- 的反应是整个溶液的反应速率的控制步骤，由于 OH^- 均匀地分布在溶液的各个部分，与 Fe^{3+} 充分混合，避免了溶液中浓度不均匀的现象和沉淀剂局部过浓的现象，使过饱和度能很好地控制在适当范围内，从而控制粒子的生长速率。因此，获得的粉体粒度均匀，分散性良好。

三、 实验药品及仪器

主要试剂：尿素 $[(NH_2)_2CO, AR]$，三氯化铁（$FeCl_3 \cdot 6H_2O$，AR），无水乙醇（CH_3CH_2OH，AR）。

主要仪器：X 射线衍射（XRD），扫描电子显微镜（SEM），热分析仪，箱式电阻炉，水浴恒温振荡器，红外线干燥箱。

四、 实验步骤

分别配制适当浓度的 $FeCl_3 \cdot 6H_2O$ 和尿素溶液，以物质的量比 4：1（尿素与 $FeCl_3 \cdot$

6H$_2$O）混合置于反应器中。在不断搅拌情况下，控制温度在 80℃，恒温反应 4h 至反应结束。然后将沉淀以热水和无水乙醇交替洗涤各 5 次，过滤后将沉淀放于红外线干燥箱中干燥得到前驱体产物。将前驱体产物用玛瑙研钵研磨后，放于箱式电阻炉中在 600℃下焙烧 3h，即得超细 α-Fe$_2$O$_3$ 粉体。图 5-1 为实验装置示意图。

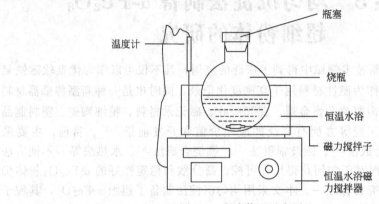

图 5-1　实验装置示意图

五、 实验记录与结果分析

① 采用 XRD 分析粉体的物相组成。
② 采用 SEM 分析粉体的颗粒形貌。
③ 采用激光粒度分析粉体的粒度分布。
④ 实验结论：＿＿＿＿＿＿＿＿＿＿＿＿＿＿＿＿＿＿＿＿＿＿＿＿＿＿＿＿＿＿＿＿＿

＿＿

＿＿

六、 思考题

请选取合适的方法和操作手段，对本实验中生成的 Fe（OH）$_3$ 进行洗涤。

参考文献

[1]　北本达治. 超微粒磁记录材料 [J]. 日本的科学与技术，1985，1：48-55.

[2]　本宏. 超微粒在生物和医学上的应用概况 [J]. 日本的科学与技术，1985，1：55-61.

[3]　Ennas G，Musinu A，Piccaluga G，et al. Haracterization of iron-oxide nanoparticles in a Fe$_2$O$_3$-SiO$_2$ composite prepared by sol-gel method [J]. Chem. Mater.，1998，10：495-502.

[4]　Pascal C，Pascal J L，Favier F，et al. Electrochemical synthesis for the control of γ-Fe$_2$O$_3$ nanoparticle size [J]. Chem. Mater.，1999，11：141-147.

[5]　吴东辉，李丹，杨娟等. 微波凝胶-溶胶法制备均分散纺锤形 α-Fe$_2$O$_3$ 超细粒子 [J]. 功能材料，2002，33（1）：39-40.

[6]　Grimm S，Schultz M，Barth S，et al. A preparation route for ultrafine pure gamma-Fe$_2$O$_3$ powders and the control of their particle size and properties [J]. Journal of Materials Science，1997，32：1083-1092.

[7]　景志红，王燕，吴世华. 不同形态的 α-Fe$_2$O$_3$ 纳米粉体的水热合成、表征及其磁性研究 [J]. 无机化学学报，2005，21（1）：145-148.

[8]　刘树信，王海滨，霍冀川等. 均匀沉淀法制备 α-Fe$_2$O$_3$ 超细粉体的研究 [J]. 人工晶体学报，2009，38（1）：281-284.

实验6 碳酸乙酯水解合成碳酸钡粉体及其白度的测试

白度仪（白度计），顾名思义，是测量物质白度的一种仪器。可以测量与视感度相一致的白度值，反应荧光增白后的白度值和测量纸张的不透明度。它广泛应用于建材（水泥、硅酸盐、滑石粉、高岭土）、日用化工（化妆品、洗涤剂、洗衣粉）、陶瓷（建筑陶瓷、日用陶瓷）、面粉、盐业、食品、饮料、纺织、毛麻、纤维、化工、塑料、冶金、超细粉末、造纸、印刷、计量、商检、造纸、印刷、纺织印染、陶瓷搪瓷、制盐等行业，主要用来测定物体的白度、黄度、颜色和色差，测定纸的（不）透明度、光散射系数、光吸系数和油墨吸收值。

一、 实验目的

1. 了解碳酸二乙酯水解合成碳酸钡粉体的基本原理。
2. 掌握粉末材料白度的测定方法和基本步骤。
3. 了解白度的基本概念。

二、 实验原理

1. 碳酸二乙酯水解合成碳酸钡粉体的基本原理

碳酸二乙酯在碱性条件下可以水解生成 Ba^{2+} 的沉淀剂，所以存在着以下基本反应：

$$(C_2H_5)_2CO_3 + 2H_2O \longrightarrow 2CH_2CH_3OH + 2H^+ + CO_3^{2-} \tag{6-1}$$

$$CO_3^{2-} + Ba^{2+} \longrightarrow BaCO_3 \tag{6-2}$$

此反应是一个可逆平衡，虽然碳酸二乙酯的离解常数值较小，但过量的 NaOH 使得反应向碳酸根生成的方向进行。但是此时 CO_3^{2-} 的浓度依然很低，导致溶液的过饱和度较低，晶核形成速度相对较慢。因此，在此条件下生成的碳酸钡晶体形貌完整，粒度分布均匀。

2. 白度测试的基本原理

一般当物体表面对可见光谱内所有波长的反射比都在 80% 以上时，可认为该物体表面为白色。白色位于色空间中相当狭窄的范围内，它与其他颜色一样，可以用三维量（即光反射比 Y、纯度 C、主波长 λ）来表示。但人们却习惯将不同白度的物体按一维量白度（W）排序来定量评价其白色程度，而把理想白色（如高纯度硫酸钡，其白度值为 100%）作为参比标准。无论是目视评定白度，还是用仪器评定白度，都必须建立在公认的"标准"基础上。所以，所谓白度是指与理想白色相差的程度。

白度仪属于光电积分型测色仪器，光电测色仪是仿照人眼红、绿、蓝三个基本颜色色觉的原理而制成的。其测试满足卢瑟条件，利用光电转换原理，通过颜色传感器采集信号，并对信号处理，最后显示出相应的白度值。

三、 实验药品与仪器

主要试剂：碳酸二乙酯 $[(C_2H_5)_2CO_3，AR]$，八水氢氧化钡 $[Ba(OH)_2 \cdot 8H_2O，$

AR]，蒸馏水。

主要仪器：集热式恒温磁力搅拌器，ZBD 白度仪以及其他玻璃仪器。

四、 实验步骤

1. 碳酸钡的合成

将八水氢氧化钡溶解配制成一定浓度的溶液。将一定量的晶型控制剂溶解，缓慢加入到八水氢氧化钡溶液中，置于反应器中，搅拌均匀。再将一定量的碳酸二乙酯缓慢加入到以上混合溶液中，搅拌反应，恒温反应直至反应结束。将所获得的沉淀陈化一段时间后过滤、洗涤，放置于红外线干燥箱中干燥即得到碳酸钡晶体。

2. 白度的测试

① 开机预热 20min。

② 按下仪器的样品座，将校零黑筒放入，轻轻地将样品座上升至测量口，等显示值稳定后，调整"校零"电位器，使仪器显示值"0"。

③ 按下样品座，将校零黑筒取下，将校正用参比白板放在样品座上，轻轻地将样品座上升至测量口，等显示值稳定后，调整"校正"电位器，使液晶显示屏显示白板上所给定的白度值。

④ "校正"和"校零"电位器在电路上有相关性，故重复步骤②和步骤③数次，到不需调整"调零"与"校准"旋钮（允差 2 个字），即仪器能稳定显示黑筒的"0"和参比白板的标定值，此时仪器已校准完毕。

⑤ 按下滑筒，装上待测的样品，轻轻地将样品座上升至测量口，所显示的值即为样品白度。

⑥ 对于连续测试，且对比程度要求高的样品的测试，应该定时用参比白板校准仪器，以消除仪器的漂移量的影响。

⑦ 试样测试完毕后，按下仪器背面的电源开关，关断仪器电源，稍等冷却后，即用仪器的防尘罩将仪器盖好。

五、 实验记录与结果分析

① 观察碳酸钡粉体的形貌。

② 碳酸钡粉体的白度值：

序号	白度值 1	白度值 1	白度值 1	平均白度值
1				
2				
3				

③ 实验结论：_____

六、 思考题

测定粉体白度时，为何样品要研细、压平？

16

实验 7　水热法制备纳米 SnO_2 微粉

SnO_2 是一种宽禁带的 n 型半导体材料，其 $E_g = 3.50eV$，本征电阻率高达 $10^8 \Omega cm$ 数量级[1]。SnO_2 是重要的电子材料、陶瓷材料和化工材料。在电工、电子材料工业中，SnO_2 及其掺和物可用于导电材料、荧光灯、电极材料、敏感材料、热反射镜、光电子器件和薄膜电阻器等领域；在陶瓷工业中，SnO_2 用作釉料及搪瓷的乳浊剂，由于其难溶于玻璃及釉料中，还可用作颜料的载体；在化学工业中，主要是作为催化剂和化工原料[2]。氧化锡是目前最常见的气敏半导体材料，它对许多可燃性气体，如氢气、一氧化碳、甲烷、乙醇或芳香族气体都有相当高的灵敏度。利用 SnO_2 制成的透明导电材料可应用在液晶显示、光探测器、太阳能电池、保护涂层等技术领域。由于 SnO_2 纳米材料的应用具有广阔的前景，因此，制备适合不同领域的纳米 SnO_2 已成为人们研究的热点[3]。

目前制备纳米 SnO_2 的方法主要有液相法和气相法两大类[4]。常用的方法有溶胶-凝胶法[5]、水热法、电弧气化合成法、胶体化学法、低温等离子化学法[6]、共沉淀法、微乳液法[7]等。

一、实验目的

1. 了解水热法制备纳米材料的原理及方法。
2. 学会制备纳米 SnO_2 微粉的一种方法。
3. 学会不锈钢高压釜的使用。

二、实验原理

纳米 SnO_2 具有很大的比表面积，是一种很好的气敏和湿敏材料。水热法制备纳米氧化物微粉有很多优点，如产物直接为晶体，无需经过焙烧净化过程，因而可以减少其他方法难以避免的颗粒团聚问题，同时粒度比较均匀，形态比较规则。因此，水热法是制备纳米氧化物微粉的较好方法之一。

水热法是指在温度不超过 100℃ 和相应压力（高于常压）条件下利用水溶液（广义地说，溶剂介质不一定是水）中物质间的化学反应合成化合物的方法。

水热合成方法的主要特点有：①水热条件下，由于反应物和溶剂活性的提高，有利于某些特殊中间态及特殊物相的形成，因此可能合成具有某些特殊结构的新化合物；②水热条件下有利于某些晶体的生长，获得纯度高、取向规则、形态完美、非平衡态缺陷尽可能少的晶体材料；③产物粒度较易于控制，分布集中，采用适当措施可尽量减少团聚；④通过改变水热反应条件，可能形成具有不同晶体结构和晶体形态的产物，也有利于低价、中间价态与特殊价态化合物的生成。基于以上特点，水热合成在材料领域已有广泛应用。水热合成化学也日益受到化学与材料科学界的重视。本实验以水热法制备纳米 SnO_2 微粉为例，介绍水热反应的基本原理，研究不同水热反应条件对产物微晶形成、晶粒大小及形态的影响。

水热反应制备纳米晶体 SnO_2 的反应机理如下。

第一步是 $SnCl_4$ 的水解：

$$SnCl_4 + 4H_2O \rightleftharpoons Sn(OH)_4 \downarrow + 4HCl \tag{7-1}$$

形成无定形的 $Sn(OH)_4$ 沉淀，紧接着发生 $Sn(OH)_4$ 的脱水缩合和晶化作用，形成 SnO_2 纳米微晶。反应式为：

$$n\,Sn(OH)_4 \longrightarrow n\,SnO_2 + 2n\,H_2O \tag{7-2}$$

（1）反应温度

反应温度低时 $SnCl_4$ 水解、脱水缩合和晶化作用慢。温度升高将促进 $SnCl_4$ 的水解和 $Sn(OH)_4$ 脱水缩合，同时重结晶作用增强，使产物晶体结构更完整，但也导致 SnO_2 微晶长大。本实验反应温度以 120~160℃为宜。

（2）反应介质的酸度

当反应介质的酸度较高时，$SnCl_4$ 的水解受到抑制，中间物 $Sn(OH)_4$ 生成相对较少，脱水缩合后，形成的 SnO_2 晶核数量较少，大量 Sn^{4+} 残留在反应液中。这一方面有利于 SnO_2 微晶的生长，同时也容易造成粒子间聚结，导致产生硬团聚，这是制备纳米粒子时应尽量避免的。

当反应介质的酸度较低时，$SnCl_4$ 水解完全，大量很小的 $Sn(OH)_4$ 质点同时形成。在水热条件下，经脱水缩合和晶化，形成大量 SnO_2 纳米微晶。此时由于溶液中残留的 Sn^{4+} 数量也很少，生成的 SnO_2 微晶较难继续生长。因此产物具有较小的平均微粒尺寸，粒子间的硬团聚现象也相应减少。本实验反应介质的酸度控制在 $pH = 1.45$。

（3）反应物的浓度

单独考察反应物浓度的影响时，反应物浓度愈高，产物 SnO_2 的产率愈低，这主要是由于当 $SnCl_4$ 浓度增大时，溶液的酸度也增大，Sn^{4+} 的水解受到了抑制。

当介质的 $pH = 1.45$ 时，反应物的黏度较大，因此反应物浓度不宜过大，否则搅拌难以进行。一般用 $[SnCl_4] = 1mol/L$ 为宜。

三、 实验药品及仪器

主要试剂：五水四氯化锡（$SnCl_4 \cdot 5H_2O$，AR），氢氧化钾（KOH，AR），乙酸（CH_3COOH，AR），乙酸铵（CH_3COONH_4，AR），乙醇（CH_3CH_2OH，AR），硝酸银（$AgNO_3$，AR）。

主要仪器：不锈钢压力釜（四氟乙烯内衬），磁力搅拌器，恒温干燥箱，酸度计，玛瑙研钵，透射电子显微镜。

四、 实验步骤

1. 反应液的配制

用去离子水配制 1.0mol/L 的 $SnCl_4$ 溶液和 10mol/L 的 KOH 溶液，每次取 25mL 1.0mol/L 的 $SnCl_4$ 溶液于 100mL 烧杯中，在磁力搅拌器的搅拌下逐滴加入 10mol/L 的 KOH 溶液，调节反应液的 pH 值为 1.45、4、7、8、10，配置好的反应液待用。观察反应液随 pH 值变化的状态（在少量 KOH 溶液加入后，溶液开始变浑浊，由于开始体系内的产物还不多，可以清晰地看到颗粒的存在。在实验开始后较长一段时间内，溶液的 pH 值变化极为缓慢。随着 KOH 溶液的加入量增多，体系也变得越来越透明，呈乳白色，搅拌也随着产物生成量的增加变得越来越困难。在滴加最后一滴之前 pH 值还在 1.32，滴入最后一滴就迅速变为 1.46)。

2. 水热反应

把配制好的原料液倾入具有四氟乙烯内衬的不锈钢压力釜内，采用管式电炉套加热压力釜，用控温装置控制压力釜的温度，在水热反应所要求的温度下（120～160℃）反应一段时间（约2h）。反应结束后，停止加热，待压力釜冷却至室温时，开启压力釜，取出反应产物。

3. 反应产物的后处理

将反应物静置沉降，移去上层清液后，用大约100mL 10％乙酸加入1g乙酸铵的缓冲液洗涤沉淀物4～5次，洗去沉淀物中的Cl^-和K^+，最后用95％的乙醇洗涤两次，在80℃干燥后研细。

4. 反应产物的表征

TEM 图谱分析。

五、 实验记录与结果分析

① 水热反应条件：pH＝1.45，其余条件同原理所述。

② TEM 图谱对比分析。

a. pH＝1.45

b. pH＝4

c. pH＝7

d. pH＝8

e. pH＝10

③ 实验结论：_____

_____

六、 思考题

1. 水热法作为一种非常规无机合成方法具有哪些优点？

2. 水热法制备纳米氧化物的过程中，哪些因素会影响产物的粒子大小和粒度分布？

参考文献

[1] Orel B, Cmjak-Oerl Z, et al. Struerural and FTIR Spectroscopic Studies of Gel-xerogel-oxide Transitions of SnO₂ and SnO₂：Sb Powder and Dip-coatedfilms Prepared via Inorganic Sol-gel route [J]. Journal of Crystalline Solids，1994，167：272-288.

[2] 徐甲强，王国庆，赵玛等. 硝酸氧化法氧化锡陶瓷材料的制备、掺杂与气敏性能 [J]. 中国陶瓷，1999，35 (1)：9-12.

[3] 陈志兵，张莉. 纳米氧化锡的制备方法 [J]. 宿州师专学报，2003，18 (4)：64-65.

[4] 竺培显，韩润生，方吕昆. 合成SnO₂超微粉末新方法及产品测试研究 [J]. 矿物岩石地球化学通报，1997，16 (9)：109-110.

[5] 段学臣，黄蔚庄. 超细氧化锡粉末的研制 [J]. 中南工业大学学报，1999，30 (2)：176-178.

[6] 陈祖耀，胡俊宝等. 低温等离子体化学法制备 SnO₂超微粒子粉末 [J]. 硅酸盐学报，1986，14 (3)：326-331.

[7] 潘庆谊，徐甲强等. 微乳液法纳米 SnO₂材料的合成、结构与气敏性能 [J]. 无机材料学报，1999，14 (1)：83-88.

实验8 直接沉淀法制备碳酸钙超细粉体

轻质碳酸钙作为一种性能优良、价格低廉的无机填料，广泛应用于橡胶、塑料、涂料、造纸、油墨等行业。它的主要生产方法是复分解法和石灰乳碳化法，其晶型为常见的方解石型，而球霰石型是碳酸钙多晶型中最不稳定的形态，容易转变为稳定的方解石型或者文石。然而它以表面积大、分散性好、密度小、溶解性好等优点从而在橡胶制造工业、高档涂料、高档造纸、油墨中广泛应用。目前，国内外合成球形碳酸钙大多采用化工原料，同时添加较为昂贵的晶体模板剂如硫酸镁、氯化镁、聚乙烯苯磺酸钠等实现控制其晶型转变。如报道较多的仿生合成方法是通过各类有机添加剂及模板对碳酸钙形貌与结构进行有效调控，如：生物大分子、树形聚合物/双亲水嵌段共聚物等[1~5]。

本实验以乙醇稀溶液作为晶型控制剂制备球霰石型碳酸钙。

一、 实验目的

1. 了解水热法的原理及流程。
2. 学习超细粉体的分析与表征方法。

二、 实验原理

在不同的温度、控制剂浓度等条件下，晶体的不同晶面的相对生长速率会有所不同，从而影响晶体的形态。根据周期键链理论模型，碳酸钙晶体生长形态不仅取决于晶体内部结构和晶体的热力学性质，而且还与晶体的生长机制和生长动力学规律等因素相联系，在不同的温度、浓度下，同种晶体其不同晶面的相对生长速率有所不同，从而影响晶体形态。当碳酸钙在有控制剂存在的条件下生长时，由于吸附在碳酸钙微晶表面上的控制剂的影响，会导致各晶面生长速率不同，从而使碳酸钙微晶按照一定比例方向生长，因此，控制剂的存在会改变碳酸钙晶体的生长习性从而造成晶体形态的改变[6~11]。

三、 实验药品及仪器

主要试剂：尿素 [$(NH_2)_2CO$，AR]，氯化钙（$CaCl_2$，AR），氨水（$NH_3 \cdot H_2O$，AR），氯化镁（$MgCl_2 \cdot 6H_2O$，AR）。

主要仪器：烧杯若干，量筒若干，分析天平，磁力搅拌器，烘箱，X射线衍射仪，扫描电子显微镜，抽滤装置，循环水真空泵，滤纸、热重分析仪、红外吸收光谱仪。

四、 实验步骤

1. 溶液配置

氯化钙溶液，0.3mol/L；碳酸钠溶液，0.3moL/L；无水乙醇溶液。

2. 碳酸钙粉体的制备

取氯化钙溶液100mL，倒入250mL锥形瓶中，加入1%（质量分数）乙醇溶液（晶型控制剂），搅拌并控制温度为15℃，然后滴加碳酸钠溶液，滴加完后继续搅拌10min，静置陈化12h，过滤，洗涤至无杂质离子，在90℃下烘干即制得样品碳酸钙粉体。

3. X射线衍射分析

采用X射线衍射仪对碳酸钙粉末进行衍射分析，获得衍射图谱。

4. 扫描电子显微镜分析

采用扫描电子显微镜的二次电子成像模式获得碳酸钙粉体的电子显微照片。

5. 热重分析

采用热重分析仪在25～900℃范围内，以10℃/min的升温速率获得产品的热失重曲线。

6. 红外吸收光谱测试

采用红外吸收光谱仪在400～4000cm^{-1}范围内进行测试获得产品的红外吸收光谱图。

五、实验记录与结果分析

① X射线衍射图谱分析。根据X射线衍射图谱，采用Jade5.0软件和PDF数据库进行物相、结构、晶粒大小分析

② 电子显微镜照片分析。根据扫描电子显微镜获得的显微镜照片观察碳酸钙的颗粒形貌、长径比。

③ 热失重曲线分析。根据样品的热失重曲线，分析样品的失重温度和失重比，并与碳酸钙的标准热重曲线进行对比。

④ 红外吸收光谱图分析。根据样品的红外吸收光谱图，分析样品的红外吸收谱带归属，并与碳酸钙的标准图谱进行比对。

⑤ 实验结论：_____

_____

_____

六、思考题

1. 不同晶型碳酸钙的形成原理是什么？
2. 直接沉淀法的优缺点是什么？

参考文献

[1] 胡琳娜，何豫基，宋宝俊. 多种晶型微细碳酸钙研制 [J]. 非金属矿，2001，24（3）：10-12.
[2] 韩雪，荆友乙，周晓艳等. 沉淀法制备纳米碳酸钙 [J]. 山西化工，2006，26（4）：24-25.
[3] WU Q S, SUN D M, LIU H J, et al. Cryst Growth Des, 2004 (4)：717-720.
[4] 袁可，尹应武，谢增勇等. 利用电石渣制备球形碳酸钙的新工艺 [J]. 硅酸盐通报，2008，27（3）：597-602.
[5] Giuseppe Falini. Crystallization of Calcium Carbonates in Biologically Inspired Collagenous Matrices [J]. International Journal of Inorganic Materials, 2000, (2)：455-461.
[6] 卢忠远，康明，姜彩荣等. 利用电石渣制备多种晶形碳酸钙的研究 [J]. 环境科学，2007，27（4）：775-778.
[7] 卢忠远，姜彩荣，王恩泽等. 利用电石渣制备球形碳酸钙的研究 [J]. 西安交通大学学报，2005，39（11）：89-91.
[8] 刘涉江，任宝山，艾明星. 溶液法制备不同晶形碳酸钙的研究 [J]. 河北工业大学学报，2003，32（1）：71-76.
[9] 诸葛兰剑. 超细碳酸钙的合成及结晶过程 [J]. 硅酸盐学报，1999，27（2）：159-163.
[10] 张春燕，谢安建，沈玉华. 聚乙二醇对碳酸钙晶体生长影响的研究 [J]. 安徽大学学报（自然科学版），2008，32（1）：74-77.
[11] 王勇，赵风云，胡永琪等. 晶型控制剂对沉淀碳酸钙晶型，形态的影响 [J]. 无机盐工业，2006，28（3）：55-58.

实验9　溶胶凝胶法合成纳米 SiO_2 粉体

作为一种新兴的湿化学合成方法溶胶-凝胶（sol-gel）法，通常采用化学活性组分较高的金属有机物或无机物的溶液为溶胶的前驱体。在液相温度较低的情况下，将这些原料均匀混合，于是溶液中发生水解、缩合等化学反应，再放置一定时间后生成稳定的、透明的溶胶体。胶体内部颗粒不断聚合，进而生成具有一定三维空间网络结构的凝胶，在适当压强下选择合适的温度干燥或热处理，从而在较低的温度条件下制备出实验所需的无机材料或复合材料。

一、 实验目的

1. 了解正硅酸乙酯发生水解反应的基本过程。
2. 了解采用正硅酸乙酯水解合成 SiO_2 粉体的基本原理。
3. 了解影响正硅酸乙酯水解的基本因素。

二、 实验原理

正硅酸乙酯又称硅酸四乙酯或四乙氧基硅烷，常温下为无色液体，稍有气味。微溶于水，溶于乙醇、乙醚。相对密度为 0.93，其熔点、沸点和闪点分别为 $-77℃$、$165.5℃$、$46℃$。分子式为 $C_8H_{20}O_4Si$ 或 $Si(OCH_2CH_3)_4$，结构式为：

$$RO-\underset{\underset{OR}{|}}{\overset{\overset{OR}{|}}{Si}}-OR(R = CH_2CH_3)$$

研究表明[1]，正硅酸乙酯的水解缩聚反应可分 3 步，第一步是正硅酸乙酯水解形成单硅酸和醇，如式（9-1）所示，此即水解反应。

$$Si(OC_2H_5)_4+H_2O \longrightarrow Si(OH)_4+C_2H_5OH \tag{9-1}$$

第二步是第一步反应生成的硅酸之间或者硅酸与正硅酸乙酯之间发生缩合反应，如式（9-2）和式（9-3）所示。此时，Si—O—Si 键开始形成。由于二者除生成聚合度较高的硅酸外，还分别生成水或醇，因此又分别称为脱水缩合和脱醇缩合。

$$HO-\underset{\underset{OH}{|}}{\overset{\overset{OH}{|}}{Si}}-OH + HO-\underset{\underset{OH}{|}}{\overset{\overset{OH}{|}}{Si}}-OH \longrightarrow HO-\underset{\underset{OH}{|}}{\overset{\overset{OH}{|}}{Si}}-\underset{\underset{OH}{|}}{\overset{\overset{OH}{|}}{Si}}-OH+H_2O \tag{9-2}$$

$$HO-\underset{\underset{OH}{|}}{\overset{\overset{OH}{|}}{Si}}-OH + C_2H_5O-\underset{\underset{OC_2H_5}{|}}{\overset{\overset{OC_2H_5}{|}}{Si}}-OC_2H_5 \longrightarrow HO-\underset{\underset{OH}{|}}{\overset{\overset{OH}{|}}{Si}}-\underset{\underset{OH}{|}}{\overset{\overset{OH}{|}}{Si}}-OH+C_2H_5OH \tag{9-3}$$

第三步是由此前形成的低聚合物进一步聚合形成长链的向三维空间扩展的骨架结构，因此称为聚合反应。如式（9-4）所示。

$$n(\text{Si}\!-\!\text{O}\!-\!\text{Si}) \longrightarrow (-\text{Si}\!-\!\text{O}\!-\!\text{Si}-)_n \tag{9-4}$$

第二步和第三步反应通常又合称为缩聚反应。

从以上4个反应方程式可以看出,第一步的水解反应对TEOS与水的反应全过程有重要影响,因为水解反应的生成物是第二步反应的反应物,而且缩聚反应常在水解反应未完全完成前就已开始了。

当水解和缩合反应发生后,反应体系中出现微小的、分散的胶体粒子,该混合物被称为溶胶;而第三步聚合反应时,这些胶体粒子通过范德华力、氢键或化学键力相互联结而形成一种空间开放的骨架结构,因而称为凝胶。鉴于此,从微观-亚微观-宏观的尺度可将上述TEOS转变为凝胶的过程概括为单体聚合成核、颗粒生长、粒子链接3个阶段[2]。

正硅酸乙酯的水解缩聚反应可用以下总反应式表示:

$$\text{Si}(\text{OCH}_2\text{CH}_3)_4 + 2\text{H}_2\text{O} =\!\!=\!\!= \text{SiO}_2 + 4\text{C}_2\text{H}_5\text{OH} \tag{9-5}$$

研究表明[3],增加水/TEOS之比(以下简称"水硅比")可以促进水解,但同时水还会稀释生成的单硅酸的浓度,同时水硅比过大还会导致已形成的硅氧键重新水解,二者共同作用的结果是凝胶化时间的延长;相反水硅比较低时,聚合速率则较快。鉴于上述结果,从化学反应平衡的角度可以看出,当水硅比小于等于2时,TEOS相对较多,发生醇缩合反应[式(9-3)];而当水硅比大于2时,水解反应较快,产生较多的单硅酸和乙醇,前者发生水缩合反应[式(9-2)],后者则以脱水缩合为主[1]。

另外,由于硅酸乙酯微溶于水,二者在常温条件下的反应非常慢。要使反应顺利进行需加入助溶剂或酸、碱催化剂,或采用提高反应温度或超声等强化正硅酸乙酯与水反应的方法,因为一旦水解反应被诱导发生,则会生成所需要的醇。

三、 实验药品与仪器

主要试剂:正硅酸乙酯[TEOS, $\text{Si}(\text{OC}_2\text{H}_5)_4$, AR],无水乙醇($\text{C}_2\text{H}_5\text{OH}$, AR),盐酸[HCl(36%), AR],氨水($\text{NH}_3 \cdot \text{H}_2\text{O}$, AR)。

主要仪器:X射线粉末衍射仪,扫描电子显微镜,激光粒度测试仪,电热恒温鼓风干燥箱,恒温水浴,三口瓶,烧杯,试管,胶头滴管,量筒等。

四、 实验步骤

① 在30℃下将正硅酸乙酯、水、盐酸、共溶剂按摩尔比1:4:1.7:4逐滴混合,并不断搅拌,观察凝胶时间。

② 凝胶陈化一定时间后放入坩埚炉内程序升温10℃/min,于400℃保温1h后,用高能球磨机进行研磨,即得二氧化硅粉体。

③ 对二氧化硅粉体进行XRD、SEM和粒度分布的表征与测试。

五、 实验记录与结果分析

① 采用XRD分析粉体的物相组成。

② 采用SEM分析粉体的颗粒形貌和颗粒大小。

③ 采用激光粒度分析粉体的粒度分布。

④ 实验结论:_____

_____

六、 思考题

1. 解释无水乙醇在整个反应过程中的作用。
2. 解释盐酸在整个反应过程中的作用。

参考文献

［1］ Brinker C J, Schere G W. Sol-gel Science, the Physics and Chemistry of Sol-gel Processing［M］. San Diego：Academic Press，1990.

［2］ Iler R K. Chemistryof Silica［M］. New York：Wiley，1979.

［3］ 隋学叶，刘世权，程新. 正硅酸乙酯的水解缩聚反应及多孔 SiO₂ 粉体的制备［J］. 中国粉体技术，2006，13（3）：35-39.

实验 10 低温燃烧合成 $Ni_xZn_{1-x}Fe_2O_4$ 超细粉体及物相分析

铁氧体是一种具有铁磁性的金属氧化物。其电阻率比金属、合金磁性材料大，而且还有较高的介电性能。另外，在高频时铁氧体具有较高的磁导率。因此，铁氧体已成为高频弱电领域用途广泛的非金属磁性材料。镍锌铁氧体由于具有高频、宽频、高阻抗、低损耗的特点，在近几年越来越受到重视，成为在高频范围（1~100MHz）内应用最广、性能优异的软磁铁氧体材料。

另外，随着电子技术的飞速发展，微波信息给人们的生活带来了许多便利，同时，电磁辐射也在不断增多，在全球范围内，微波辐射对人类的身心健康存在着不可忽视的危害[1]。铁氧体吸波材料因其价格低廉、吸波性能好，即使在厚度很薄时仍具有较好的吸波性能，不仅具有铁氧体良好的磁损耗和介电损耗特性，又能克服其他吸波材料密度大、吸收频带窄、温度稳定性差等不足，是一种有着极好应用前景的微波吸收材料[2]。

一、 实验目的

1. 了解低温燃烧合成超细粉体的原理及方法。
2. 熟悉溶胶-凝胶的制备过程。
3. 学习无机非金属材料的物相结构分析方法。

二、 实验原理

低温燃烧合成（LCS）是相对于自蔓延高温合成（SHS）而提出的一种新型材料制备技术，其主要过程是将可溶性金属盐（主要是硝酸盐）与燃料（如尿素、柠檬酸、氨基乙酸等）溶入水中，然后将溶液迅速加热直至溶液发生沸腾、浓缩、冒烟和起火，整个燃烧过程可在数分钟内结束[3]。其产物为疏松的氧化物粉体。LCS 初始点火温度低，且能在分子水平上混合前驱体液各组分，可合成用 SHS 技术难以合成的多组元纳米级氧化粉体，因此近年来得到了广泛的重视。

LCS 技术基于氧化-还原反应原理，其中硝酸盐（硝酸根离子）为氧化剂；同时，溶液中有机燃料还充当了络合剂的作用，有效地保证了各相组元发生外爆炸式的氧化还原热反应，产生的大量热量促使产物以晶相形成，产生的大量气体使得产物存在大量的气孔，最终有利于高洁性纳米粉体的形成。

本实验是采用柠檬酸盐法制备溶胶-凝胶，实现 LCS 反应。溶胶-凝胶法是 20 世纪 60 年代发展起来的一种制备玻璃、陶瓷等无机材料的新工艺[4]。其基本原理是[5,6]：将金属醇盐或无机盐经过水解形成溶胶，或经过解凝形成溶胶，然后使溶质聚合凝胶化，再将凝胶干燥、焙烧，去除有机成分，最后得到无机材料。溶胶-凝胶法主要包括溶胶的制备、凝胶化和凝胶的干燥三个步骤。

柠檬酸盐法实质上是金属螯合凝胶法，其基本过程是在制备前驱液时加入螯合剂，如柠檬酸或 EDTA，通过可溶性螯合物的形成减少前驱液中的自由离子，通过一系列实验条件，如溶液的 pH 值、温度和浓度的控制，移去溶剂后形成凝胶[7]。但柠檬酸作为络合剂并不适合所有金属离子，且所形成的络合物凝胶相当易潮解。

无机盐在水中的化学现象很复杂，可通过水解和缩聚反应生成许多分子产物。根据水解程度的不同，金属阳离子可能与三种配位体（H_2O）、（OH^-）和（O^{2-}）结合。决定水解程度的重要因素包括阳离子的电价和溶液的 pH 值。水解后的产物通过羟基桥（M—OH—M）或氧桥（M—O—M）发生缩聚进而聚合。但许多情况下水解反应比缩聚反应快得多，往往形成沉淀而无法形成稳定的凝胶。

成功合成稳定的凝胶的关键是要减慢水或水-氢氧络合物的水解率，制备出稳定的前驱体液。在溶液中加入有机螯合剂 A^{m-} 替换金属水化物中的配位水分子，生成新的前驱体液，其化学活性得到显著的改变。

三、 实验药品及仪器

主要试剂：柠檬酸（$C_6H_8O_7H_2O$，AR），氨水（NH_4OH，AR），硝酸锌 [$Zn(NO_3)_2$，AR，硝酸镍 [$Ni(NO_3)_2$，AR]，硝酸铁 [$Fe(NO_3)_3$，AR]，去离子水（H_2O）。

主要仪器：烧杯若干，量筒若干，分析天平，滴管，磁力搅拌器，蒸发皿，烘箱，X 射线衍射仪。

四、 实验步骤

1. 配料计算

溶胶-凝胶法所需原料均为硝酸盐，注意，在计算时不要损失硝酸盐本身带的结晶水。

实验所制物质为 $Ni_xZn_{1-x}Fe_2O_4$（$x=0$，0.3，0.5，0.7，1），通过化学计量关系计算实验中所需药品的质量。原料中柠檬酸与金属离子的摩尔比控制在 2～3。

2. 制备混合溶液

① 分别将硝酸锌、硝酸镍和硝酸铁溶解，配置成 2mol/L 的溶液，按照所需合成化合物的化学计量比关系，准确量取硝酸锌和硝酸镍溶液，并缓慢加入到 $Fe(NO_3)_3$ 溶液中，不断搅拌，使混合均匀。按照柠檬酸与硝酸盐混合液中金属离子总摩尔数之比 2～3 称量所需柠檬酸。称取的柠檬酸加入到混合液中，搅拌 20min 使之混合均匀。

② 将混合液放在磁力搅拌器上边搅拌边加热，温度为 80～90℃，让水分缓慢蒸干，溶胶的浓度逐渐加大，待到液体呈黏稠状，停止反应，形成溶胶。

③ 将上述溶胶放入烘箱中烘 10h，箱内温度为 110℃，制成凝胶。将制得的干凝胶取出在蒸发皿中点火使之自发燃烧，最后得到产品（分别标注为 1～5 号）。

④ 最后将得到的产品进行 XRD 测试，分析产品的物相组成，对比 1～5 号产品 XRD 谱图的差异，分析原因，计算各产品的晶胞参数。

五、 实验记录与结果分析

① 物相分析：确定晶系和物相。

② 衍射峰偏移与晶面间距：

样　　品	主峰1位置(°)	晶面间距(d/Å)
$ZnFe_2O_4$		
$Ni_{0.3}Zn_{0.7}Fe_2O_4$		
$Ni_{0.5}Zn_{0.5}Fe_2O_4$		
$Ni_{0.7}Zn_{0.3}Fe_2O_4$		
$NiFe_2O_4$		

注：1Å＝0.1nm。

③ 晶胞参数的计算：如下。

立方晶系晶胞参数计算公式：$a = \dfrac{\lambda}{2}\sqrt{\dfrac{(h^2+k^2+l^2)}{\sin^2\theta}}$

④ 晶粒大小的计算：如下。

Scherrer 公式：$$d = \frac{K\lambda}{B\cos\theta}$$

式中，K 为 Scherrer 常数，其值为 0.89；d 为晶粒尺寸，nm；B 为积分半高宽度，在计算的过程中，需转化为弧度，rad；θ 为衍射角，(°)；λ 为 X 射线波长，为 0.154056nm。

产品的基本参数和晶粒大小

样　　品	晶胞参数大小/Å	晶粒大小/nm
$ZnFe_2O_4$		
$Ni_{0.3}Zn_{0.7}Fe_2O_4$		
$Ni_{0.5}Zn_{0.5}Fe_2O_4$		
$Ni_{0.7}Zn_{0.3}Fe_2O_4$		
$NiFe_2O_4$		

⑤ 实验结论：＿＿＿＿＿＿＿＿＿＿＿＿＿＿＿＿＿＿＿＿＿＿＿＿＿＿＿＿＿＿＿＿＿＿＿

＿＿

六、思考题

1. 溶胶-凝胶粉末的细度、均匀性受什么因素的影响？
2. 低温燃烧法的优缺点是什么？
3. 观察整个反应过程的反应现象。

参考文献

[1] Li D K Roxana O，Soom W，et al. A Population Based Respective Cohort Study of Personal Exposure to Magnetic Fields during Pregnancy and the Risk of Miscarriage [J]. American Journal of Epidemiology，2002，13（1）：9-20.

[2] Panda R N，Shih J C，Chin T S. Magnetic properties of nano-crystalline Gd- or Pr-substituted $CoFe_2O_4$ synthesized by the citrate precursor technique [J]. Journal of Magnetism and Magnetic Materials，2003，257（1）：79-86.

[3] 卢利平，张希艳，柏朝晖等. 低温燃烧合成法研究进展 [J]. 长春理工大学学报（自然科学版），2008，31（3）：82-84.

[4] 江炎兰，王杰. 纳米陶瓷材料的性能、制备及在军事领域的应用前景 [J]. 海军航空工程学院学报，2006，21（1）：183-186.

[5] 王晓娟，蔡薇，柳瑞清. 铜合金引线框架材料现状与发展 [J]. 江西有色金属，2004，18（1）：31-34.

[6] 王润. 金属材料物理性能 [M]. 北京：冶金工业出版社，1993.

[7] 苏言杰，张德，徐建梅等. 柠檬酸盐凝胶自燃烧法合成超细粉体 [J]. 材料导报，2006，20（1）：142-144.

实验11 溶胶法低温制备铈掺杂纳米 TiO_2

纳米 TiO_2 无毒、光化学性质稳定、氧化能力强,具有很高的光催化活性,在室温下可将水、气和土壤中的有机物分解成无污染的二氧化碳和水,在环境净化方面具有广阔的应用前景[1~10]。

溶胶凝胶法是一种常见的纳米 TiO_2 制备方法,但使用该法时,钛盐的前驱体在少水体系中水解反应不充分,易生成有机水解产物,需后续高温处理后才能获得晶体。因此存在温度高、能耗大等缺点,晶体在热处理过程中也会长大,从而影响纳米 TiO_2 的活性。因此,在溶胶凝胶法的基础上发展了溶胶法,可在不需高温热处理的条件下得到 TiO_2 晶体[11]。

本实验通过低温溶胶法,用稀土元素 Ce 掺杂合成二氧化钛光催化剂。

一、 实验目的

1. 熟悉溶胶凝胶法的原理及流程。
2. 学习纳米粉体的分析与表征方法。

二、 实验原理

溶胶(Sol)是具有液体特征的胶体体系,分散的粒子是固体或者大分子,分散的粒子大小为 1~100nm。溶胶法可分为两类:①非水解法:通常是钛卤化物或钛醇盐通过缩聚反应形成 Ti—O—Ti;②水解法,一般是通过控制 pH 值、水量等条件,使得钛卤化物或钛醇盐水解得到 Ti—O—Ti。

钛酸丁酯,化学式为 $C_{16}H_{36}O_4Ti$,含有活泼的丁氧基反应基团,可与水发生强烈的水解反应,水解产物经过缩聚反应形成 [TiO_6] 八面体,当八面体的界面上有晶核形成时,通过原子扩散作用可生成有序的 TiO_2 晶体结构。如果在制备过程中加入过量的水,则可使钛盐充分水解,最终得到由 Ti—O—Ti,Ti—OH_2—Ti 或 Ti-OH-Ti 组成的水解产物[11]。

三、 实验药品及仪器

主要试剂:钛酸丁酯($C_{16}H_{36}O_4Ti$,AR);无水乙醇(C_2H_5O,AR);硝酸铈 [$Ce(NO_3)_3 \cdot 6H_2O$,AR];硝酸(HNO_3,AR);甲基橙($C_{14}H_{14}N_3SO_3Na$,AR)。

主要仪器:烧杯若干,量筒若干,分析天平,磁力搅拌器,表面皿若干,滴管,红外干燥箱,X 射线衍射仪,扫描电子显微镜,紫外可见分光光度计。

四、 实验步骤[11]

1. 原料的准备

钛酸丁酯,20mL;乙醇,62mL;水,212mL;硝酸铈,0.24g。

2. 制备过程

① 先将 0.24 硝酸铈溶于 31mL 的乙醇,再将 20mL 钛酸丁酯加入,形成均匀的溶液,

然后将 212mL 的水与 31mL 乙醇混合，用硝酸调节溶液的 pH 值为 1。

② 然后将溶液钛酸丁酯溶液逐滴滴入搅拌状态下的乙醇-水溶液中，滴加完成后，陈化 72h，最终得到 TiO_2 溶胶。

③ 将制备得到的溶胶转移到表面皿中，然后在红外干燥箱中干燥之后，再通过研磨得到粉末。

3. 材料的表征和物相及结构分析

采用 X 射线衍射仪进行衍射数据收集，获得样品的 X 射线衍射图谱，分析材料的物相结构。采用扫描电子显微镜的二次电子成像方式获得 TiO_2 的电子显微镜照片，观察粉体颗粒大小与形貌。

4. 光催化性能测试

室温条件下，将 0.2g 粉体加入到 120mL 浓度为 50mg/L 的甲基橙溶液中，暗环境中超声 20min，然后在可见光下照射，60min 后取试液经 4000r/min 的离心机分离 5min，再用玻砂漏斗进行过滤，用 UV-2102 型紫外可见分光光度计分别测定 50mg/L 的甲基橙溶液、降解后的甲基橙溶液的吸光度。

五、 实验记录与结果分析

① X 射线衍射图谱分析：根据 X 射线衍射仪获得 X 射线衍射图谱，用 Jade5.0 软件和 PDF 数据库分析所制备二氧化钛的物相及结构。

② 电子显微镜照片分析：根据扫描电子显微镜获得的电子显微照片，观察 TiO_2 的微观结构、颗粒形貌、粒度。

③ 光催化性能分析：根据紫外分光光度计测得的 50mg/L 的甲基橙溶液、降解后的甲基橙溶液的吸光度值，按以下公式计算实验所制备的 TiO_2 的光催化效率：

$$C=(A_0-A)/A_0\times100\% \tag{11-1}$$

④ 实验结论：_____

_____

_____

六、 思考题

1. 溶胶法的制备原理是什么？
2. 光催化性能的表征方法有哪些？
3. TiO_2 的光催化机理是什么？

参考文献

[1] Fujishima A，Honda K. Electrochemical photolysis of water at a semiconductor electrode [J] . Nature，1972，238：37-40.

[2] 李静，张培新，周晓明等. 纳米二氧化钛制备技术进展及表征 [J] . 材料导报，2004，18 (2)：70-72.

[3] Chen C H. Synthesis and microstructure of highly oriented lead titanate thin films prepared by a sol-gel method [J] . J Am Ceram Soc，1989，72 (9)：1495-1499.

[4] De Sanctis O. Protective glass coatings on metallic substrates [J] . J Non-Cryst Solids，1990，121：338-343.

[5] 李橙，黄明珠，杨海平等 . SiO₂-Al₂O₃复合氧化物薄膜的溶胶-凝胶法制备研究 [J] . 薄膜科学与技术，1995，8 (1)：51-55.

[6] 张万忠,乔学亮,邱小林等.纳米二氧化钛的光催化机理及其在有机废水中的应用 [J].人工晶体学报,2006,35 (30):1026-1031.

[7] 李志军,王红英.纳米二氧化钛的性质及应用进展 [J].广州化工,2006,34 (1):23-25.

[8] 李金田,耿世彬.纳米二氧化钛光催化机理及应用分析 [J].洁净与空调技术,2006,25 (1):23-31.

[9] 周艺,李志伟.Pr³⁺,Ho³⁺掺杂 TiO₂纳米粒子的光催化性能 [J].湖南师范大学学报,2003,26 (2):70-72.

[10] 王志坚,苗玉英,李杨等.Fe 掺杂纳米二氧化钛的光催化活性研究 [J].长春理工大大学学报,2010,33 (4):147-149.

[11] 李红.二氧化铁纳米晶的溶胶法低温制备机理及其掺杂研究 [D].浙江大学博士学位论文,2009.

实验 12　室温固相法制备碳酸锶粉体

　　碳酸锶是一种白色粉末，是重要的无机化工原料。由于碳酸锶对 X 射线及其他射线的吸收作用，广泛应用于光学玻璃的制造[1]，如彩色显像管、显示器、工业监视器等。碳酸锶还可作为制备磁性材料铁酸锶和高档电子陶瓷的原料。在陶瓷中加入碳酸锶作配料可减少皮下气孔，扩大烧结范围，增加热膨胀系数。此外，碳酸锶还广泛用于高介电材料、压电材料、涂料的制造以及糖的精制和金属锌的精炼等[2]，其用途涉及电子信息、化工、轻工、陶瓷、冶金等十多个行业。目前，碳酸锶样品的粒径都在 $3\mu m$ 以上，难以满足高新科技样品发展的需要。由于具有比普通碳酸锶更优良的性能，新材料纳米碳酸锶应运而生，进而拓展了碳酸锶的应用领域。未来几年，纳米碳酸锶将会成为普通碳酸锶的升级换代样品[3]。

　　目前，国内外对超细碳酸锶粒子粒度和形貌的控制研究已成为一大热门，其中对粒度的控制已取得了初步进展，但对于形貌的调控还处在研究阶段。在碳酸锶粒子形貌控制方面，大多通过采用不同的制备方法并调节反应条件或者添加晶形控制剂的方式来完成。通过上述方法目前已合成了球状、针状、纺锤状、片状、哑铃状、橄榄状等多种形貌的产品[4]。

一、　实验目的

　　1. 学习室温固相反应合成超细粉体的方法。
　　2. 了解室温固相反应机理。
　　3. 学习粉体的合成过程。

二、　实验原理

　　固相化学反应能否进行，取决于固体反应物的结构和热力学函数。所有固相化学反应和溶液中的化学反应一样，必须遵守热力学的限制，即整个反应的吉布斯函数改变小于零。在满足热力学条件下，固体反应物的结构成为了固相反应进行速率的决定性因素。与液相反应一样，固相反应的发生起始于两个反应物分子的扩散接触，接着发生化学作用，其条件在于反应的引发、反应持续进行所必备的条件。室温下，充分地研磨不仅使反应的固体颗粒变小以充分接触，而且也提供了促使反应进行的微量引发热量。反应物混合后一经研磨，根据热力学公式自由能变 $\Delta G = \Delta H - T\Delta S$，固体反应中熵变 $\Delta S \approx 0$，又因反应中的自由能变 $\Delta G < 0$，则反应的焓变 $\Delta H < 0$，因此，固相反应大多是放热反应，这些热使反应物分子相结合，提供了反应中的成核条件，在受热条件下，原子成核，结晶，并形成颗粒。可见，固相反应经历了四个阶段，即扩散、反应、成核、生长，但由于各阶段进行的速率在不同的反应体系或同一反应体系不同的反应条件下不尽相同，使得各个阶段的特征并非清晰可辨。长期以来，一直认为高温固相反应的决速步骤是扩散和成核生长，原因就是在很高的反应温度下化学反应这一步速度极快，无法成为整个固相反应的控制步骤。在低热条件下，化学反应这一步可能是速率的控制步骤。

三、 实验仪器与试剂

主要试剂：无水碳酸钠（Na_2CO_3，AR），碳酸锶 [$Sr(NO_3)_2$，AR]，无水乙醇（C_2H_5OH，AR），去离子水。

主要仪器：恒温干燥箱，电子天平，玛瑙研钵，药匙，玻璃器皿若干。

四、 实验步骤

① 按照化学计量比分别适量称取 Na_2CO_3 和 $Sr(NO_3)_2$，首先将上述称取的样品分别放在玛瑙研钵中研细，然后再将上述两种试剂混合研磨，研磨时间为 40min。

② 将研磨后的样品用蒸馏水洗涤 3～5 次，过滤。

③ 将过滤后的样品在红外干燥箱中干燥，最后得到碳酸锶产品。

④ 利用 X 射线衍射对样品进行物相分析，确定产品为碳酸锶。

五、 实验记录与结果分析

① XRD 分析结果。

② 利用光学显微镜对产品颗粒形貌进行初步观察。

③ 实验结论：_____

_____

_____

六、 思考题

为什么在室温下，该反应可以进行？

参考文献

[1] 陈鸿彬.高纯碳酸锶制备 [J].化学世界，1990，31（5）：202-203.

[2] 徐旺生等.由天青石制高纯碳酸锶新工艺研究 [J].化工矿物与加工，2002，（5）：4-7.

[3] 乌云，王少青.碳酸锶的研究进展 [J].内蒙古石油化工，2008，18（7）：5-7.

[4] 张明轩，霍冀川，刘树信等.不同形貌超细碳酸锶粒子制备研究进展 [J].化工新型材料，2006，34（11）：5-8.

实验13　室温固相化学反应法合成 CuO 纳米粉体

室温或近室温（<40℃）条件下的固-固相化学反应是近几年刚发展起来的一个新的研究领域，经过多年的研究，已取得很多结果，如合成液相中不易合成的金属配合物[1]、原子簇合物[2]、金属配合物的顺反几何异构体[3]，以及不能在液相中稳定存在的固配化合物[4]等，同时还发现，相同的反应物，由于在固、液相反应过程中的反应机理不同，有时还可能生成不同的反应产物，这就为一些特殊材料的制备提供了理论依据。超微粒子因具有一些普通大颗粒材料所不具有的特性，例如：小尺寸效应、表面效应、量子尺寸效应和宏观隧道效应等，从而引起科技工作者的广泛关注。目前，伴随着超微粉体的研究与应用，其制备方法不断出现。概括起来分为三大类：气相法、液相法和固相法。现有文献中的固相法是指固相热分解法与物理粉碎法。至今未见用一步室温固相化学反应直接制备纳米氧化物粉体的报道。

一、实验目的

1. 学习纳米材料制备和表征的基本方法。
2. 通过实验掌握固相法制备纳米粒子的基本原理和具体操作。
3. 了解用 XRD 对纳米粒子进行表征的方法，学会分析 XRD 谱图。

二、实验原理

氧化铜粉是一种棕黑色的粉末，密度为 $6.3 \sim 6.49 \mathrm{g/cm^3}$，熔点为 1326℃，溶于稀酸、$NH_4Cl$、$(NH_4)CO_3$、氰化钾溶液，不溶于水，在醇、氨溶液中溶解缓慢。高温遇氢或一氧化碳，就可还原成金属铜。氧化铜的用途很广，作为一种重要的无机材料在催化、超导、陶瓷等领域中有广泛应用。它可以作为催化剂及催化剂载体以及电极活化材料，还可以作为火箭推进剂，其中作为催化剂的主要成分，氧化铜粉体在氧化、加氢、NO、CO、还原及碳氢化合物燃烧等多种催化反应中得到广泛应用。纳米氧化铜粉体具有比大尺寸氧化铜粉体更优越的催化活性和选择性以及其他性能。纳米氧化铜的粒径为 $1 \sim 100 \mathrm{nm}$，与普通的氧化铜相比，具有表面效应、量子尺寸效应、体积效应以及宏观量子隧道效应等优越性能，在磁性、光吸收、化学活性、热阻、催化剂和熔点等方面表现出奇异的物理和化学性能，因此纳米氧化铜受到人们的普遍关注，并成为用途十分广泛的无机材料之一[5,6]。

沉淀转化法制备纳米氧化铜是在可溶性铜盐溶液中加入沉淀剂生成沉淀后，再向沉淀中加入一定量的沉淀转化剂，加热回流，使原来的沉淀转化为氧化铜沉淀，再将沉淀物过滤、洗涤、干燥，得到纳米氧化铜的方法。在本实验中，将一定质量的氯化铜和 NaOH 进行固相研磨反应，同样发生沉淀转化反应而生成氧化铜粒子。其反应式为：

$$CuCl_2 + 2NaOH = 2NaCl + CuO + H_2O \tag{13-1}$$

三、 实验试剂与仪器

主要试剂：氯化铜（$CuCl_2 \cdot 2H_2O$，AR），氢氧化钠（NaOH，AR），蒸馏水（H_2O），无水乙醇（C_2H_5OH，AR），硝酸银（$AgNO_3$，AR）。

主要仪器：研钵，烧杯（若干），量筒，玻璃棒，高速离心机，超声波清洗仪，烘箱，抽滤装置（布氏漏斗、抽滤瓶），离心管。

四、 实验步骤

① 取氯化铜 17.0064g（0.10mol），在研钵中充分研细后加入氢氧化钠 8.0000g（0.20mol）再充分混合研细。待体系剧烈反应变黑后，继续研磨 10min。（研磨 5min 后，由于体系温度升高和吸水的缘故，体系剧烈反应，固体由蓝色迅速变成黑色，同时放出大量的热量。继续研磨后，研钵内的物质完全变黑，形成泥状固体）

② 将混合体系转移到离心管中，加入 80mL 蒸馏水超声清洗。

③ 接着在 8000r/min 条件下离心 8min。倾去上层清液后再加入蒸馏水清洗，重复上述操作 8 次。（在向离心机中放置离心管的时候，各离心管液面要相平，并对称放置，防止离心机因不平衡而发生震动。每次离心完毕后，取离心管中的上层清液，用 $AgNO_3$ 溶液滴加，观察有无沉淀。实验中发现，第 1～7 次清洗后都有白色沉淀，沉淀量逐渐减少。第 8 次清洗后，无白色沉淀）

④ 离心完毕后，再用 40mL 无水乙醇超声清洗一遍。然后将得到的黑色固体转移到表面皿中，在 85℃烘箱中干燥 1h。然后将得到的固体研细保存，用于 XRD 分析。

⑤ 测定所得纳米样品的 XRD 图谱，并进行物相分析。（根据谱图可以分析所得样品为何种物质，并且进一步求得其粒子半径。）

五、 实验记录与结果分析

① XRD 表征：让 2θ 值从 20°扫描到 60°，测定所得样品的 XRD 图谱，并进行物相分析。

② 数据处理：由 Scherrer（谢乐）公式 $D_{hkl} = \dfrac{0.89\lambda}{\beta_{hkl} \cdot \cos\theta}$ 可计算得到纳米 CuO 的粒径。其中，所用 XRD 衍射仪的射线波长为 $\lambda = 1.5406$Å。

纳米 CuO 粒径结算结果

(hkl)	$2\theta_i$	β_{hkl}(rad)	D_{hkl}/Å
(111)			
(020)			
(202)			

③ 实验结论：_____

六、 思考题

1. 多晶衍射时能否用多种波长的多种 X 射线？为什么？

2. 固相反应不仅能够制备纳米氧化物、硫化物、复合氧化物等，还能够制备多种簇合物，特别是一些与溶剂发生副反应的化合物。它还广泛应用于一些有机反应。根据固相反应理论，试提出两个常见的化学反应改用固相反应的可能性假设。

3. 固相化学反应为什么能生成纳米材料？

4. 晶体尺寸的减小是否为导致衍射加宽的唯一因素？

参考文献

［1］ Xin X Q, Zheng I M. Solid state reactions of coordination compounds at low heating temperature［J］. J Solid State Chem, 1993, 106: 451-460.

［2］ Lang J P, Xin X Q. Solid state synthesis of Mo（W）-S cluster compounds at low heating temperature［J］. J Solid State Chem, 1994, 108: 118-127.

［3］ 贾殿赠，忻新泉. 室温固-固相合成氨基酸铜配合物［J］. 化学学报, 1993, 51: 358-362.

［4］ Yao K B, Zheng L M, Xin X Q. Synthesis and characterization of solid-coordination compounds Cu（AP）$_2$Cl$_2$［J］. J Solid State Chem, 1995, 117: 333-336.

［5］ 方婷，罗康碧，李沪萍等. 纳米氧化铜粉体的制备研究. 河北化工［J］. 2006, (11): 4-8.

［6］ 武秀文，蒋欣等. 纳米 CuO 粉体的制备及表征研究进展. 化工装备［J］. 2004, 4 (25): 46-49.

实验 14 液相燃烧法合成钇掺杂氧化锆 （$Zr_{0.92}Y_{0.08}O_2$）粉体及物相分析

二氧化锆（ZrO_2）具有高硬度、高强度、高韧性、高耐磨性等优异的性能，尤其是其优良的耐高温、耐腐蚀性能，被广泛应用于陶瓷、耐火材料、机械、电子、光学、航空航天、生物、化学等各领域[1~7]。二氧化锆随温度升高历经单斜、四方和立方相 3 个晶系的变化，在相变过程中伴随着体积变化，如：由单斜向四方转变时体积收缩 5%，由四方向单斜转变时体积膨胀 8%，这种相变引起的体积效应往往会导致氧化锆制品遭到破坏性的损毁。因此，尽管二氧化锆由于具有优良的耐高温、耐磨损、耐腐蚀等特性，使其迅速成为一种结构和功能材料的重要原料，但由于二氧化锆的多晶性及其在加热和冷却过程中伴随的体积变化，加之热导率小，热膨胀系数大，使纯 ZrO_2 的力学、电学以及抗热震等性能都很差，导致纯二氧化锆不能直接用来制造大型、异形产品，极大地限制了二氧化锆的应用。因此，首先要对纯 ZrO_2 进行稳定化处理。目前，二氧化锆的相稳定化处理方法归结起来一般是通过化学掺杂法或物理方法，使高温相的四方晶型、立方晶型结构产生不可逆相变，达到稳定其结构的目的，获得室温稳定的四方或立方晶型 ZrO_2 材料。掺杂低价金属氧化物固溶稳定方法，是在 ZrO_2 中掺杂化合价低于四价的碱土金属氧化物或稀土金属氧化物，如 MgO、CaO、Y_2O_3、Sc_2O_3 等。本实验通过掺杂钇来制备氧化锆纳米粉末材料。

一、 实验目的

1. 了解液相燃烧法合成无机粉体材料的过程。
2. 了解钇稳定氧化锆的应用。
3. 学习离子掺杂的原理和方法。

二、 实验原理

液相燃烧法是不将原料干燥而直接在液相的状态下点燃合成产品的一种新型方法。一般液相燃烧法对原料有一定的要求，首先所有原料要具有化学相容性，在溶解后互相不发生化学反应，其次是原料中应有提供燃烧的燃料和助燃剂以及较强的氧化剂。在该反应合成过程中，以柠檬酸作为络合剂和燃料，硝酸盐和浓硝酸作为氧化剂，无水乙醇是助燃剂，同时也作为燃料。

$$0.92Zr(NO_3)_4 + 0.08Y(NO_3)_3 \longrightarrow Zr_{0.92}Y_{0.08}O_2 \qquad (14\text{-}1)$$

三、 试剂与设备

主要试剂：硝酸锆 [$Zr(NO_3)_4 \cdot 6H_2O$，AR]，硝酸钇 [$Y(NO_3)_3 \cdot 6H_2O$，AR]，柠檬酸（$C_6H_8O_7 \cdot H_2O$，AR），无水乙醇（C_2H_5OH，AR），浓硝酸（HNO_3，AR）。

主要仪器：高温炉，X 射线衍射仪，其他玻璃仪器等。

四、　实验步骤

① 按 $Zr_{0.92}Y_{0.08}O_2$ 和 ZrO_2 化学计比计算后称取试剂，并混合溶解，加入一定比例的柠檬酸（柠檬酸与金属离子摩尔比为 1:1）搅拌均匀。

② 将上述混合溶液置于 $80\sim90℃$ 水浴中加热至黏稠状。

③ 混合溶液至黏稠状后加入一定量的无水乙醇，如果生成白色沉淀，滴加浓硝酸调节至透明。

④ 将上述透明溶液倒入蒸发皿中，然后点燃，最后生成粉末状物质。

⑤ 将粉末状物质转移至坩埚中，置于高温炉内于 $1200℃$ 煅烧 4h，最终获得 $Zr_{0.92}Y_{0.08}O_2$ 和 ZrO_2。

⑥ 将 $Zr_{0.92}Y_{0.08}O_2$ 与 ZrO_2 作物相对比分析。

五、　实验记录与结果分析

① 采用 XRD 数据分析 $Zr_{0.92}Y_{0.08}O_2$ 与纯 ZrO_2 的物相差异，并分析原因。

产物	物相分析	晶面间距对比	杂质	原因分析
$Zr_{0.92}Y_{0.08}O_2$（YSZ）				
ZrO_2				

② 实验结论：_____

_____

六、　思考题

金属离子掺杂的基本类型及其条件是什么？

参考文献

[1] 高龙柱. 纳米氧化锆制备及晶型控制的水热法研究 [D]. 南京：南京工业大学，2004.

[2] Tani E, Yoshimura M. Formation of ultrafine tetragonal ZrO_2 power under hydrothermal conditions [J]. J Am Ceram Soe, 1983，66 (1)：11-14.

[3] Dell'Agli G, Esposito S, Mascolo G, et al. Filmsby slurry coating of nanometric YSZ (8 mol Y_2O_3) powders synthesized by low-temperature hydrothennal treatment [J]. Journal of the European Ceramic Society. 2005，25 (12)：2017-2021.

[4] 马中义，徐润. 杨成等. 不同形态 ZrO_2 的制备及其表面性质研究 [J]. 物理化学学报，2004，20 (10)：1221-1225.

[5] Monte F Del, Larsen W, Mackenzie J D. Stabilization of tetragonal ZrO_2 in ZrO_2-SiO_2 binary oxides [J]. J Am Ceram Soc, 2000，83 (3)：628-634.

[6] Puolakka K J, Juutilainen S. Krausel A O I. Combined CO_2 reforming and partial oxidation of n-heplane on noble metal zirconia catalyste [J]. Catalysis Today, 2006，115 (1-4)：217-221.

[7] Barbucci A, Viviani M, Carpanese D, et al. Impedance analysis of oxygen reduction in SOFC composite eletrodes [J]. Eletrochimica Acta. ，2006，51 (8-9)：1641-1650.

实验 15 液相燃烧快速合成 $La_2Zr_2O_7/ZrO_2$ 热障涂层材料的合成及物相分析

伴随航空航天、能源、船舶等领域向高效动力方向发展，高温或超高温的材料是制约发展速率的关键因素之一。与高温合金相比较，氧化物等陶瓷材料具有高熔点、耐腐蚀等特点，因此氧化物陶瓷涂层材料可以有效提高金属材料的使用性能。目前，氧化钇稳定氧化锆（YSZ）涂层材料不仅可以明显提高金属材料的使用温度，同时也可以提高其抗高温热腐蚀的能力[1~2]。但是，YSZ 在 1170℃附近时由单斜到四方相变引起 5%的体积收缩，超过1200℃后相变加剧、易烧结、氧传导率升高从而导致金属过渡层易被氧化等诸多因素，使得YSZ 已不能满足未来涡轮发动机进口温度进一步升高的需要[3]。

与掺杂稳定 ZrO_2 材料相比较，烧绿石结构的稀土锆酸盐 $R_2Zr_2O_7$（R 为 La、Gd、Nd、Sm 等）由于具有材料熔点高（2300℃）、高温结构没有相变、热导率相对更低［1.56～1.60W/（m·K）］、耐腐蚀、更低的烧结速率以及非氧离子传导体等一系列优点[4~8]，已被国际公认为未来高温或超高温金属表面防护涂层的首选材料。然而这种材料的热膨胀系数较低，导致其抗热震性能较差，从而限制了其广泛应用[1,7]。因此，本实验采用原位合成法制备 $La_2Zr_2O_7/ZrO_2$ 复合材料，研究 ZrO_2 在复合材料中的相变情况，拟合成出 $La_2Zr_2O_7/ZrO_2$（四方相）复合材料。

一、 实验目的

1. 学习复合材料的制备与合成过程。
2. 学习复合材料的设计过程。
3. 学习复合材料的分析与表征。

二、 实验原理

烧绿石结构的 $La_2Zr_2O_7$ 虽具有熔点高、热稳定性好、热导率相对更低、耐腐蚀、烧结速率更低以及非氧离子传导体等一系列优点，但其热膨胀系数较低，韧性差。本实验拟以 $La_2Zr_2O_7$ 为主相、ZrO_2 为分散相，力图通过界面应力效应使得 ZrO_2 在 $La_2Zr_2O_7$ 中以亚稳四方相形式存在。由于四方相 ZrO_2 具有较好的韧性，因此，其在 $La_2Zr_2O_7$ 中分散也将提高整个复合材料的韧性。

采用液相燃烧和高温固相合成相结合的方法合成 $LaZr_2O_7/ZrO_2$ 热障涂层材料。其设计过程和参数如表 15-1 所列。

表 15-1 不同比例的 LZZ 复合材料的合成及 LZ 合成条件

编号	$La_2Zr_2O_7$：ZrO_2	La：Zr	柠檬酸/g	煅烧温度和时间
LZZ101	10：1	20：21	1	1200℃，6h
LZZ81	8：1	16：17	1	1200℃，6h

续表

编号	La₂Zr₂O₇ : ZrO₂	La : Zr	柠檬酸/g	煅烧温度和时间
LZZ41	4:1	8:9	1	1200℃,6h
LZZ11	1:1	2:3	1	1200℃,6h
LZ	1:0	1:1	1	1200℃,6h
ZrO₂	0:1	0:1	1	1200℃,6h

三、 试剂与设备

主要试剂：硝酸锆［$Zr(NO_3)_4 \cdot 3H_2O$，AR］，硝酸镧［$La(NO_3)_3 \cdot 6H_2O$，AR］，柠檬酸（$C_6H_8O_7 \cdot H_2O$，AR）。

主要仪器：恒温水浴，高温炉及其他玻璃仪器等。

四、 实验过程

① 分别准确量取一定量的硝酸锆和硝酸镧溶液，置于烧杯中，并加入一定量的柠檬酸和聚乙二醇-20000，溶解并搅拌均匀。

② 将上述盛有混合液的烧杯放于恒温水浴锅中，在90℃条件下加热至黏稠状，再将其放置于烘箱中烘干。

③ 将烘干的前驱体在高温炉中1200℃下煅烧6h，得到粉体。

④ 对产品进行物相分析。

五、 实验记录与结果分析

① 对以上产品进行物相分析，将 ZrO₂、LZ、LZZ101、LZZ81、LZZ41、LZZ11 以此由下向上作图，观察复合材料中各物相的结构及相对量的变化情况。

编号	物相组成	编号	物相组成
LZZ101		LZZ11	
LZZ81		LZ	
LZZ41		ZrO₂	

② 观察纯 ZrO₂ 和复合材料中 ZrO₂ 的结构是否相同，为什么？

③ 实验结论：_____

_____

_____

六、 思考题

物质发生相变的主要原因有哪些？

参考文献

[1] Cao X Q，Vassen R，Stoever D. Ceramic materials for thermal barrier coatings［J］. Journal of European Cermie Society，2004，24：1-10.

[2] 徐惠彬，宫声凯，刘福顺．航空发动机热障涂层材料体系的研究 [J]．航空学报，2000，21（1）：7-12.

[3] 刘怀菲，李松，李其连等．热障涂层用 La$_2$O$_3$、Y$_2$O$_3$ 共掺杂 ZrO$_2$ 陶瓷粉末的制备及其相稳定性 [J]．无机材料学报，2009，24（6）：1226-1230.

[4] Matsumoto M，Aoyama K，Matsubara H，et al. Thermal conductivity and phase stability of plasma sprayed ZrO$_2$-Y$_2$O$_3$-La$_2$O$_3$ coatings [J]. Surface and Coatings Technology，2005，194（1）：31-35.

[5] Saruhan B，Francois P，Fritscher K，et al. EB-PVD processing of pyrochlore-structured La$_2$Zr$_2$O$_7$-based TBCs [J]. Surface and Coatings Technology，2004，182（2-3）：175-183.

[6] Cao X Q，Vassen R，Fischer W，et al. Lanthanum-cerium oxide as a thermal barrier coating material for high temperature applications [J]. Adv Mater，2003，15：1438-1441.

[7] Vassen R，Cao X Q，Tietz F，et al. Zirconates as new materials for thermal barrier coating [J]. Journal of the American Ceramic Society，2000，83（8）：2023-2028.

[8] Li J Y，Dai H，Li O，et al. Lanthanum zirconate nanofibers with high sintering resistance [J]. Materials Science and Engineering：B，2006，133：209-212.

实验16　氧化铁纳米棒的制备及表征

　　纳米氧化铁除了具有普通氧化铁的耐腐蚀、无毒等特点外，还具有分散性好、色泽鲜艳、对紫外线具有良好吸收和屏蔽效应等特点，可广泛应用于闪光涂料、油墨、塑料、皮革、汽车面漆、气敏材料、催化剂、电子、光学抛光剂、生物医学工程等行业中；通常，具有实用价值的氧化铁有 α-Fe_2O_3、γ-Fe_2O_3、α-$FeOOH$、Fe_3O_4 等，由于纳米氧化铁具有如此多的优点及广泛的应用前景，近年来，国内外研究者对其制备和应用进行了大量的研究工作。

　　一维纳米材料是一种以纳米为尺度的棒状、线状、管状等不同形貌的一维结构体系的材料，这种材料具有良好的光电特性、热传导性、磁学性能、力学性能及催化性能等，它们可用作新一代纳米光电子、电化学、电动机械器件的构筑单元，因此该材料的制备与应用研究是近年来材料研究的热点之一。

　　目前，制备一维纳米材料的方法主要有：反相胶束法、溶剂热法、分子束外延法、模板法、激光或电弧蒸发法、催化热解法等[1]。尽管采用这些工艺能制备尺寸均一的一维纳米材料，但是这些工艺往往工艺复杂、污染环境、成本较高，不能实现大规模工业生产。

　　本实验采用化学法制备氧化铁纳米棒，该方法弥补了上述方法的不足，是一种绿色环保、操作简单、产率较高的方法[2]，值得学习和应用。

一、　实验目的

　　1. 了解化学法制备纳米棒的方法和原理。
　　2. 熟悉无机非金属纳米材料的表征方法。

二、　实验药品及仪器

　　主要试剂：硝酸铁 [$Fe(NO_3)_3 \cdot 9H_2O$，AR]，硫酸铁 [$Fe_2(SO_4)_3$，AR]，氯化铁（$FeCl_3 \cdot 6H_2O$，AR），去离子水（H_2O），乙醇（$C_2H_5 \cdot H_2O$，AR）。

　　主要仪器：烧杯，量筒，分析天平，称量纸，滴管，蒸发皿，超声仪，三口烧瓶，回流装置，加热套，烘箱，X 射线衍射仪，扫描电镜，透射电镜。

三、　实验步骤

　　① 分别将水和乙醇按照（1∶1）~（5∶1）（体积比）的比例各配置 100mL 的混合溶液备用。

　　② 将 0.001~0.01mol 的铁盐加入到乙醇-水混合溶液中，超声 30min 使固体溶解，并用加热套进行加热至混合溶液沸腾并回流，回流 10~60h，离心除去液体，并用乙醇和水反复洗涤，得产品。

四、　实验记录与结果分析

　　① 物相分析：用 X 衍射测量制备的样品，确定晶系和物相。

② 铁盐种类对纳米棒生成的影响：用投射和扫描观察纳米棒的结构，确定制备氧化铁纳米棒合适的铁盐。

③ 乙醇-水混合比例对纳米棒的影响：用投射和扫描观察纳米棒的结构，确定水与乙醇的比例对纳米棒结构形貌的影响。

④ 回流时间对纳米棒的影响：用投射和扫描观察纳米棒的结构，确定回流时间对纳米棒的结构和形貌的影响。

⑤ 实验结论：_____

_____

_____

五、思考题

回流制备氧化铁纳米棒的原理是什么。

参考文献

[1] Jia X H, Yang L, Song H J, et al. Facile synthesis and magnetic properties of cross α-Fe₂O₃ nanorods [J] . Micro & Nano Lett，2011，6（9）：806-808.

[2] 宋浩杰，沈湘黔，袁新华等．一种氧化铁纳米管的制备方法 [P] .CN：102134102A，2011-07-27.

实验17 MCM-41分子筛的制备实验

多孔材料是指一种由相互贯通或封闭的孔洞构成网络结构的材料,孔洞的边界或表面由支柱或平板构成。按照国际纯粹和应用化学联合会(IUPAC)的定义,多孔材料可以按它们的孔径分为三类:小于2nm为微孔(micropore)材料;2~50nm为介孔(mesopore)材料;大于50nm为大孔(macropore)材料,有时也将小于0.7nm的微孔材料称为超微孔材料[1]。多孔材料由于具有较大的比表面积、吸附容量和许多特殊的性能,在吸附、分离、催化等领域得到了广泛的应用。近年来,微观有序多孔材料以其种种特异的性能引起了人们的高度重视。

一、 实验目的

1. 了解通过液相法(共沉淀法、溶胶-凝胶法、水热法、溶剂热法)制备新材料的方法、原理及工艺过程。

2. 结合《材料制备与合成技术》书中所学的理论知识,通过实验,应用及巩固所学理论知识,初步培养和锻炼学生的实际动手能力和探索能力。

二、 实验原理

MCM-41分子筛的结构和性能介于无定形无机多孔材料和具有晶体结构的无机多孔材料之间,其主要特征为[2]:①与其他介孔材料相比,孔径分布狭窄;②孔径大小可通过改变表面活性剂的链长来调节;③具有较高的热稳定性和水热稳定性;④孔道排列有序。其中MCM-41分子筛的孔道呈六方有序排列,孔径分布在1.5~10nm范围内,是一致的平行轨道,稳定性好,因而引起人们的更多关注。由于微孔材料和介孔材料具有较大的内表面积,在作为催化剂和吸附剂方面有了相当广泛的应用,但包括一些晶态的沸石在内,目前已知最大孔径不超过1.4nm,如一些金属磷酸盐(1.0~1.2nm)和黄硫铁矿(1.4nm)。硅胶和改性后的层状矿物虽是介孔材料,但它们是无定形或次晶态,具有不规则的孔径,而且分布较宽,即使可以通过表面活性剂来控制孔径,仍保持着层状特性。作为一种理想的催化剂,要求其可逆吸附量大、孔径分布窄、催化活性高、疏水性好、水热稳定性好,所以就要寻求更好的分子筛材料来满足现代工业的需求。与其他介孔材料相比,MCM-41分子筛是一种性能极好的分子筛,它的出现给分子筛领域带来了新活力。

1. MCM-41分子筛合成机理研究

自从以MCM-41为代表的介孔材料首次被报道以来,人们对这种有机无机离子在分子水平上的组装结合方式产生了浓厚的兴趣,并提出了众多模型来解释介孔分子筛的合成机理。虽然在介孔分子筛的合成以及相应机理的解释上仍存在某些差异,但介孔分子筛的合成过程均需使用具有自组装能力的体积较大的表面活性剂分子形成的胶团作为模板,介孔分子筛结构的形成过程都经历了模板剂胶束作用下超分子组装过程。对于该过程中介孔结构形成的机理,目前提出的主要有三种:液晶模板机理、协同作用机理和电荷匹配机理。

（1）液晶模板机理（liquid crystal templating mechanism）

液晶模板机理是 MCM-41 的发明者——Mobil 公司的研究者最先提出的[3~4]。此机理的过程如图 17-1 中路线①所示。他们是根据 MCM-41 分子筛的高分辨电子显微镜成像和 X 光线粉末衍射结果与表面活性剂在水中生成的溶致液晶的相应实验结果非常相似，因此认为介孔材料的结构取决于表面活性剂疏水链的长度，以及不同表面活性剂浓度的影响等。这个机理认为表面活性剂生成的溶致液晶作为形成 MCM-41 分子筛结构的模板剂。表面活性剂的液晶相是在加入无机反应物之前形成的。该机理认为，首先具有两亲基团的表面活性剂分子在水中达到一定的浓度（cmc）可形成棒状胶束，并规则地排列形成六方结构的液晶相，表面活性剂分子憎水基向里，带电的亲水基头部伸向水中；其次在加入硅源物质后，含硅物质通过静电作用和表面活性剂离子结合，并附着在有机表面活性剂棒状胶束的表面，从而形成以液晶相为模板的无机-有机复合物。所形成的具有介孔结构的无机-有机复合物可以看做是六方排列的表面活性剂棒状胶束嵌入到二氧化硅基体中，然后两者的复合物在溶液中沉淀下来，产物经水洗、干燥、焙烧除去内层的有机物，只留下骨架状规则排列的硅酸盐网络，从而得到介孔材料。但是考虑到表面活性剂的液晶结构对溶液性质非常敏感，他们又提出了另外一种可能的反应途径：加入硅源物种导致它们与表面活性剂胶束一起，通过自组装作用形成六方有序结构。

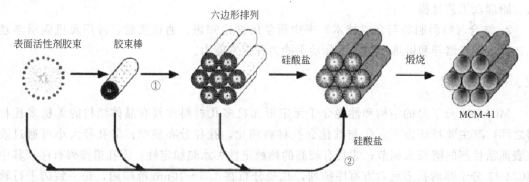

MCM-41可能的形成机理：① 液晶相的形成；② 硅酸盐的形成

图 17-1　MCM-41 介孔分子筛形成的可能机理[3]

（2）协同作用机理（cooperative formation mechanism）

Huo 和 Stucky[5]认为三维有序的结构体系是分子级的有机和无机物种相互作用、协同组装形成的，有机胶束加速无机物种的缩聚过程，而无机物种的缩聚反应对胶束形成类液晶相结构有序体又具有促进作用。预先有序的有机表面活性剂的排列不是必需的，但它们可能参与反应。由此，他们提出了协同作用机理[6~7]（见图 17-1 中路线②）。单个表面活性剂分子与球状或棒状胶束处于动态平衡之中。在加入硅源后首先在液相中反应形成带电荷的可溶性含硅物质，此物种通过与表面活性剂胶束表面的同性离子发生交换而吸附在胶束表面，同时也和液相中表面活性剂分子作用形成新的无机-有机复合物，吸附有硅物种的胶束和复合分子在离子键、氢键和分子间色散力的作用下，通过多重热力学平衡最后形成具有稳定结构的介孔材料。协同作用机理具有一定的普遍性，能够解释介孔分子筛形成过程中的许多实验现象，如合成不同于液晶结构的新相产物，以及低表面活性剂浓度下的合成及合成过程中的相转变现象等。

（3）电荷密度匹配机理（charge density matching mechanism）A. Monnier 等[8]提出了

"电荷密度匹配机理"，又称为层状-六方相转换机理（lamellar-to-hexagonal mesophase transformation），主张有机、无机离子在界面处的电荷匹配。他们认为在 MCM-41 介孔分子筛的合成过程中，溶液中首先形成的是由阳离子表面活性剂和阴离子硅源通过静电吸引作用而成的层状相；当硅源物种开始在界面沉积、聚集收缩时，无机相的负电荷密度下降。为了保证与表面活性剂之间的电荷密度平衡，带正电表面活性剂亲水端的有效占据面积增加（正电荷密度也下降）以达到电荷密度相匹配，层状结构发生弯曲，层状介孔结构转变为六方相介孔结构，即表面活性剂阳离子形成的胶团与硅酸根阴离子聚合物由于静电力形成无机-有机墙。此时 SiO$_2$ 多齿束缚（multidentate binding）。随着硅酸根的不断聚合，界面自由能在改变，引起表面活性剂层为增加界面面积而出现皱褶。直到界面在会切点（cusps）处连接起来，并使电荷配对，形成六方结构，而且认为高 pH 条件下形成硅源低聚度的层状结构，低 pH 条件下形成硅源高聚度的六方 MCM-41 分子筛，表明 MCM-41 分子筛的合成是水相中表面活性剂分子与硅源相互作用的结果。并且这种转换与表面活性剂的极性端基结构以及碳链长度有关。

2. 反应机理

以十六烷基三甲基溴化铵（CTAB）为模板剂，通过水热合成法在碱性条件下，合成 MCM-41 型有序介孔材料。

三、 实验药品及仪器

主要试剂：表面活性剂十六烷基三甲基溴化铵（CTAB，C$_{19}$H$_{42}$BrN，AR），正硅酸乙酯 [TEOS，Si（OC$_2$H$_5$）$_4$，AR]，氢氧化钠（NaOH，AR）。

主要仪器：电子天平，干燥箱，真空抽滤设备，漏斗，配套滤纸。200～250mL 烧杯，50mL 量筒，10mL 移液管，磁力搅拌器（加热），2～5cm 磁力搅拌子。

四、 实验步骤

1. MCM-41 分子筛的合成

① 称取十六烷基三甲基溴化铵（CTAB）1.510g，在 30℃下以 50mL 去离子水溶解，磁力搅拌至完全溶解，约 10min，然后将其冷却至室温备用。

② 称量 NaOH 0.3999g，以 20mL 去离子水溶解后，加入上述 CTAB 溶液中，保持磁力搅拌，使其充分混合，然后加入去离子水 30mL。

③ 用移液管量取正硅酸乙酯（TEOS）8.75mL，在剧烈搅拌下逐滴缓慢加入到上述混合液中，室温下磁力搅拌 2h，保持 40r/min。

（实验现象：溶解 NaOH，得一无色透明溶液；将十六烷基三甲基溴化铵（CTAB）加入上一步所得溶液后，磁力搅拌器加热搅拌时，溶液表面产生大量白色泡沫，并产生具有刺激性气味的气体；完全溶解后，加入正硅酸四乙酯（TEOS），泡沫迅速消失，继续搅拌得一黏稠状白色液体；继续加热液体，之后静置，抽滤后得到了白色粉末状产物。

④ 搅拌均匀后，停止搅拌，在室温下静置陈化 0.5h，将溶胶转入带聚四氟乙烯内衬的高压反应釜中，于 150℃下晶化 48h。

⑤ 将晶化产物过滤、洗涤、干燥。

⑥ 最后，将烘干的 MCM-41 原粉置于马弗炉中在 550℃下煅烧 6h。冷却即得到纳米孔 MCM-41 型二氧化硅材料。

2. MCM-41 分子筛的表征与数据处理

（1）热重-差热（TG-DTA）

分子筛的热稳定性用 TG/SDTA 热分析仪考察，热稳定性考察所用分子筛样品为脱除模板剂后未经离子交换的钠型分子筛。升温范围 20～800℃，升温速度 20℃/min。根据热重曲线可以确定模板剂的分解温度以及模板剂在样品中的含量和作模板剂的物质。

（2）红外光谱分析

波数范围为 400～3000cm^{-1}，分辨率：4cm^{-1}，用 KBr 压制样品，KBr 在测试前经红外灯干燥。

（3）等温吸附分析

用 ASAP2000 型自动物理吸附仪，通过 77K 氮气等温吸附的方法，利用 BET 氮吸附测定样品的比表面积，利用静态容量法测定孔体积和孔径分布。

五、 实验记录与结果分析

① 分子筛的热重-差热结果分析。

② 分子筛的红外光谱分析。

③ 分子筛的等温吸附分析，比表面积、孔体积和孔径分布。

④ 实验结论：_____

_____

_____

六、 思考题

在合成过程中十六烷基三甲基溴化铵的主要作用是什么？

参考文献

［1］ 徐如人，庞文琴·无机合成与制备化学［M］北京：高等教育出版社，2001.

［2］ 陶涛．MCM-41 介孔分子筛的合成方法及催化性能研究［D］．江苏大学硕士学位论文，1-2.

［3］ Kresge C T，Leonowiez M E，Roth W J，et al，Ordered mesoporous moleeular sieves synthesized by aliquid-crystal template mechanism［J］．Nature，1992，359：710-712.

［4］ Beek J S，Vartuli J C，Roth W J，et al，A new family of mesoporous molecular sieves prepared with liquid crystal templates［J］．J. Chem. Soe. 1992，114（27）：1083-1084.

［5］ Stucky G D，Huo Q S，Firouzi A，et al. Progress in Zeolite and Microporous Materials［J］．Studies in Surface Science Catalysis，1997，105：3-28.

［6］ Schmidt-Winkel P，Lukens W W，Zhao D Y，et al. Mesocellular Siliceous Foams with Unifomrly Sized Cells and Windows［J］．Journal of the American Chemical Society，1999，121：254-255.

［7］ Estemrnan M，Mc Cusker L B，Baerlocher C，et al. A Synthetic Gallophosphate Molecular Sieves with a 20 Tetrahedral Atom Pore Opening［J］．Nuatre，1991，352：320-323.

［8］ Monnier A，Schuth F，Huo Q，et al. Cooperation Fomartion of Inorganic-organic Interfaces in the Synthesis of Silicate Mesosturcture［J］．Science，1993，261：1299-1303.

实验 18 多孔陶瓷的制备

多孔陶瓷是一种经高温烧成、内部具有大量彼此相通并与材料表面也相贯通的孔道结构的陶瓷材料。多孔陶瓷的种类很多，可以分为三类：粒状陶瓷烧结体、泡沫陶瓷和蜂窝陶瓷[1]。多孔陶瓷具有如下特点：巨大的气孔率、巨大的气孔表面积；可调节的气孔形状、气孔孔径及其分布；气孔在三维空间的分布、连通可调；具有其他陶瓷基体的性能，并具有一般陶瓷所没有的与其巨大的比表面积相匹配的优良热、电、磁、光、化学等功能。实际上，很早以前人们就使用多孔陶瓷材料，例如，人们使用活性炭吸附水分、吸附有毒气体，用硅胶来作干燥剂，利用泡沫陶瓷来作隔热耐火材料等。同时，多孔陶瓷在气体液体过滤、净化分离、化工催化载体、吸声减震、保温材料、生物植入材料，特种墙体材料和传感器材料等方面也得到广泛的应用[2]。因此，多孔陶瓷材料及其制备技术受到广泛关注。

一、 实验目的

1. 了解多孔陶瓷的用途。

2. 掌握多孔陶瓷的制备方法。

3. 了解多孔陶瓷的制备工艺。

二、 实验原理

1. 多孔陶瓷的种类

多孔陶瓷的种类很多，按所用的骨料不同可以分为以下六种（见表 18-1）。

表 18-1 多孔陶瓷按骨料不同的分类

序　号	名　　称	骨　　料	性　　能
1	刚玉质材料	刚玉	耐强酸、耐碱、耐高温
2	碳化硅质材料	碳化硅	耐强酸、耐高温
3	铝硅酸盐材料	耐火黏土熟料	耐中性、酸性介质
4	石英质材料	石英砂、河砂	耐中性、酸性介质
5	玻璃质材料	普通石英玻璃、石英玻璃	耐中性、酸性介质
6	其他材质		耐中性、酸性介质

按孔径不同分为以下三种情况（见表 18-2）。

表 18-2 多孔陶瓷按孔径不同的分类

序　号	名　　称	孔径范围
1	0.1mm 以上	粗孔制品
2	50nm～20μm	介孔材料
3	50nm 以下	微孔材料

2. 多孔陶瓷的制备

陶瓷产品中的孔包括以下两种。

① 封闭气孔：与外部不相连通的气孔。

② 开口气孔：与外部相连通的气孔。

下面介绍多孔陶瓷中孔的制备方法和制备技术。

(1) 孔的形成方法

① 添加成孔剂工艺　陶瓷粗粒黏结、堆积可形成多孔结构，颗粒靠黏结剂或自身黏合成型。这种多孔材料的气孔率一般较低，为 20%～30%，为了提高气孔率，可在原料中加入成孔剂 (porous former)，即能在坯体内占有一定体积，烧成、加工后又能够除去，使其占据的体积成为气孔的物质。如炭粒、炭粉、纤维、木屑等烧成时可以烧去的物质。也有用难熔化易溶解的无机盐类作为成孔剂的，它们能在烧结后的溶剂侵蚀作用下除去。此外，可以通过粉体粒度配比和成孔剂等控制孔径及其他性能。这样制得的多孔陶瓷气孔率可达 75%左右，孔径可在微米至毫米之间。虽然在普通的陶瓷工艺中，采用调整烧结温度和时间的方法，也可以控制烧结制品的气孔率和强度，但对于多孔陶瓷，烧结温度太高会使部分气孔封闭或消失，烧结温度太低，则制品的强度低，无法兼顾气孔率和强度，而采用添加成孔剂的方法则可以避免这种缺点，使烧结制品既具有高的气孔率，又具有很好的强度。

② 有机泡沫浸渍工艺　有机泡沫浸渍法是用有机泡沫浸渍陶瓷浆料，干燥后烧掉有机泡沫，获得多孔陶瓷的一种方法。该法适于制备高气孔率、开口气孔的多孔陶瓷。这种方法制备的泡沫陶瓷是目前较主要的多孔陶瓷之一。

③ 发泡工艺　可以在制备好的料浆中加入发泡剂，如碳酸盐和酸等，发泡剂通过化学反应等能够产生大量细小气泡，烧结时通过在熔融体内发生放气反应能得到多孔结构，这种工艺的发泡率可达 95%以上。与泡沫浸渍工艺相比，更容易控制制品的形状、成分和密度，并且可制备各种孔径大小和形状的多孔陶瓷，特别适于生产闭气孔的陶瓷制品，多年来一直使研究者保持着浓厚兴趣。

④ 溶胶-凝胶工艺　主要利用凝胶化过程中胶体粒子的堆积以及凝胶 (热等) 处理过程中留下小气孔，形成可控多孔结构。这种方法大多数产生纳米级气孔，属于中孔或微孔范围内，这是前述方法难以做到的，实际上这是现在最受科学家重视的一个领域。溶胶-凝胶法主要用来制备微孔陶瓷材料，特别是微孔陶瓷薄膜。

⑤ 利用纤维制得多孔结构　主要利用纤维的纺织特性与纤细形态等形成气孔，形成的气孔包括：a. 有序编织、排列形成的；b. 无序堆积或填充形成的。

通常将纤维随意堆放，由于纤维的弹性和细长结构，会互相架桥形成气孔率很高的三维网络结构，将纤维填充在一定形状的模具内，可形成相对均匀，具有一定形状的气孔结构，施以黏结剂，高温烧结固化就得到了气孔率很高的多孔陶瓷，这种孔较大的多孔陶瓷的气孔率可达 80%以上；在有序纺织制备方法中，有一种是先将纤维织布 (或成纸)，再将布 (或纸) 折叠成多孔结构，常用来制备"哈尔克尔"，这种多孔陶瓷通常孔径较大，结构类似于前面提到的挤压成型的蜂窝陶瓷；另外是三维编织，这种三维编织为制备气孔率、孔径、气孔排列、形状高度可控的多孔陶瓷提供了可能。

⑥ 腐蚀法产生微孔、中孔　例如对石纤维的活化处理，许多无机非金属半透膜也曾以这种方法制备。

⑦ 利用分子键构成气孔　如分子筛，既是微孔材料也是中孔材料。像沸石、柱状磷酸

锌等是这类材料。

以上简述了一些气孔结构的形成过程。有些材料中需要的不仅仅是一种气孔，例如催化载体材料或吸附剂，同时需要大孔和小孔两种气孔，小孔提供巨大比表面积，而大孔形成互相连通结构，即控制气孔分布，这可以通过使用不同的成孔剂来实现；有时则需要气孔有一定形状，或有可再加工性；而作为流体过滤器的多孔陶瓷，其气孔特性要求还应根据流体在多孔体内运动的相关基础研究来决定。这些都是需要针对具体情况加以特别考虑的。

如果多孔陶瓷材料还要具备匹配的其他性能，尤其是骨架性能，则还需从综合陶瓷材料的制备方法考虑。

（2）多孔陶瓷的配方设计

① 骨料　骨料为多孔陶瓷的主要原料，在整个配方中占 70%～80%（质量分数），在坯体中起到骨架的作用，一般选择强度高、弹性模量大的材料。

② 黏结剂　一般选用瓷釉、黏土、高岭土、水玻璃、磷酸铝、石蜡、PVA、CMC 等，其主要作用是使骨料黏结在一起，以便于成型。

③ 成孔剂　加入成孔剂的目的是促使陶瓷的气孔率增加，必须满足在加热过程中易于排除；排除后在基体中无有害残留物；不与基体反应。加入可燃尽的物质，如木屑、稻壳、煤粒、塑料粉等在烧成过程中因为发生化学反应或者燃烧挥发而除去，从而在坯体中留下气孔。

（3）多孔陶瓷的成型方法

见表 18-3。

表 18-3　多孔陶瓷的成型方法

成型方法	优点	缺点	适用范围
模压	1. 模具简单 2. 尺寸精度高 3. 操作方便、生产率高	1. 气孔分布不均匀 2. 制品尺寸受限制 3. 制品形状受限制	尺寸不大的管状、片状、块状
挤压	1. 能制取细而长的管材 2. 气孔沿长度方向分布均匀 3. 生产率高可连续生产	1. 需加入较多的增塑剂 2. 混料制备麻烦 3. 对原料的粒度要求高	细而长的管材、棒材，某些异形截面的管材
轧制	1. 能制取长而细的带材及箔材 2. 生产率高，可连续生产	1. 制品形状简单 2. 粗粉末难加工	各种厚度的带材，多层过滤器
等静压	1. 气孔分布均匀 2. 适于大尺寸制品	1. 尺寸公差大 2. 生产率低	大尺寸管材及异形制品
注射	1. 可制形状复杂的制品 2. 气孔沿长度方向分布均匀	1. 需加入较多的增塑剂 2. 制品尺寸大小受限制	各种形状复杂的小件制品
粉浆浇注	1. 能制形状复杂的制品 2. 设备简单	1. 生产率低 2. 原料受限制	复杂形状制品，多层过滤器

（4）烧成

使用不同的制备方法和制备工艺，就会有不同的烧成制度，具体应该根据材料的性能而定。

三、实验药品及仪器

本实验采用添加成孔剂，采用模压方法制备毛坯，然后再进行烧结的方法。

主要试剂：骨料（氧化铝），成孔剂（煤粒），黏结剂（CMC、MgO）。

主要仪器：托盘天平，研钵，捣打磨具，木槌，高温炉。

四、 实验步骤

多孔氧化铝陶瓷的制备工艺主要有选料、配料、混合研磨、成型、干燥、烧结六个步骤，具体如下。

1. 选料

本次选用的骨料是氧化铝，在坯体中起到骨架的作用。加入成孔剂主要目的是促使陶瓷气孔率增加，本实验选用煤灰作为成孔剂。黏结剂选取具有良好塑性变形能力及黏结力的CMC、MgO。

2. 配料

用托盘天平按表称取总重 25g 的原料。

氧化铝	MgO	CMC	煤粒	水
60%	8%	15%	17%	10%～15%固体料

3. 混合研磨

将配好的料充分混合，采用多次过筛与反复搅拌的方法使配料混合均匀。将混合好的配料放入陶瓷研钵中，充分研磨。

4. 成型

使混合好的混合料通过某种方法成为具有一定形状的坯体的工艺过程叫成型。本实验采用模压成型法，模压成型法是利用压力将干粉坯料在模具中压制成致密的坯体的一种方法。

5. 干燥

将毛坯在烘箱中在 100℃下预处理 30min，使毛坯干燥。

6. 烧结

将干燥完的毛坯放入高温炉中，按下表的升温制度进行烧结，即可获得多孔陶瓷。

温度区间/℃	室温～400	400～1100	1200～1300	1300
升温速率/(℃/h)	100	200～300	100	保温 1h

五、 实验记录与结果分析

对实验过程及最终产品多孔氧化铝陶瓷进行描述：_____

_____

_____

六、 思考题

1. 什么是多孔陶瓷？简述多孔陶瓷的应用领域。
2. 多孔陶瓷中的孔是如何形成的，本实验中使用的成孔剂是什么？

参考文献

[1] 马文，沈卫平，董红英等 . 多孔陶瓷的制备工艺及进展 [J] . 粉末冶金技术，2002，20（6）：365-368.
[2] 王慧 . 多孔陶瓷——绿色功能材料 [J] . 中国陶瓷，2002，38（3）：6-8.

实验19 反相微乳液法合成纳米ZnO粉体及其表征

纳米氧化锌（ZnO）粒径为 $1\sim100nm$，由于粒子尺寸小，比表面积大，因而纳米 ZnO 表现出许多特殊的性质如无毒、非迁移性、荧光性、压电性、能吸收和散射紫外线能力等，利用其在光、电、磁、敏感等方面的奇妙性能可制造气体传感器、荧光体、变阻器、紫外线遮蔽材料、杀菌、图像记录材料、压电材料、压敏电阻、高效催化剂、磁性材料和塑料薄膜等。同时氧化锌材料还被广泛地应用于化工、信息、纺织、医药行业。纳米氧化锌的制备是所有研究的基础。合成纳米氧化锌的方法很多，一般可分为固相法、气相法和液相法。本实验采用共沉淀和成核/生长隔离技术制备纳米氧化锌粉。

一、实验目的

1. 了解氧化锌的结构及应用。
2. 掌握反相微乳液技术制备纳米材料的方法与原理。
3. 了解 X 射线衍射仪、扫描电子显微镜与比表面测定仪等表征手段及其原理。

二、实验原理

1. 氧化锌的结构

氧化锌（ZnO）晶体是纤锌矿结构，属六方晶系，为极性晶体。氧化锌晶体结构中，Zn 原子按六方紧密堆积排列，每个 Zn 原子周围有 4 个氧原子，构成 Zn—O_4 配位四面体结构，四面体的面与正极面 C（00001）平行，四面体的顶角正对向负极面（0001），晶格常数 $a=342pm$，$c=519pm$，密度为 $5.6g/cm^3$，熔点为 2070K，室温下的禁带宽度为 3.37eV，如图 19-1 和图 19-2 所示。

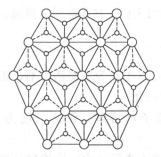

图 19-1 ZnO 晶体结构在 C（00001）面的投影

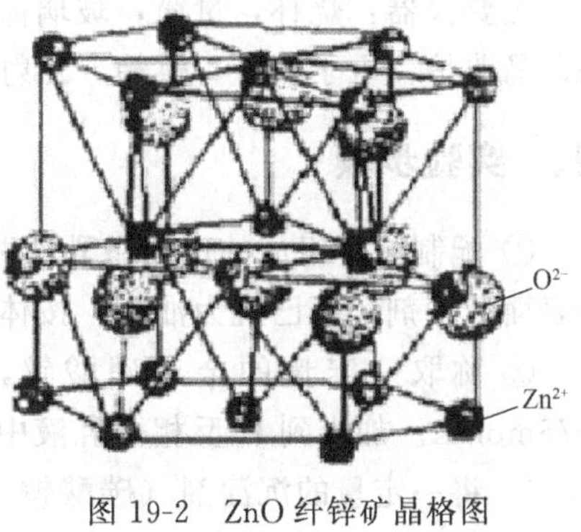

图 19-2 ZnO 纤锌矿晶格图

2. 反相微乳液法的制备原理

微乳体系中包含单分散的水或油的液滴，这些液滴在连续相中不断扩散并互相碰撞，微乳液的这种动力学结构使其成为良好的纳米反应器。因为这些小液滴的碰撞是非弹性碰撞或

"黏性碰撞"，这有可能使得液滴间互相合并在一起形成一些较大液滴。但由于表面活性剂的存在，液滴间的这种结合是不稳定的，所形成的较大液滴又会相互分离，重新变成小的液滴。微乳液的这种性质致使体系中液滴的平均直径和数目不随时间的改变而改变，故而，微乳体系可用于纳米粒子的合成。如果以油包水型微乳体系作为纳米反应器，由于反应物被完全限定于水滴内部，因此要使反应物相互作用，其首要步骤是水滴的合并，实现液滴内反应物之间的物质交换。当混合水相中分别溶解有反应物 A 和 B 的两种相同的微乳体系时，由于水滴的相互碰撞、结合与物质交换，最后可形成 AB 的沉淀颗粒。在反应刚开始时，首先形成的是生成物的沉淀核，随后的沉淀便附着在这些核上，使沉淀不断长大。当粒子的大小接近水滴的大小时，表面活性剂分子所形成的膜附着于粒子的表面，作为"保护剂"限制了沉淀的进一步生长。这就是微乳体系作为纳米反应器的原理，由于所合成的粒子被限定于水滴的内部，所以，合成出来的粒子的大小和形状也反映了水滴的大小和内部形状。

微乳液是一个热力学稳定体系。其热力学稳定是由于其具有非常低的体系界面能，克服了由于分散体有序化引起的负熵作用。目前对于微乳液的稳定性有以下 3 种理论解释。

① 混合膜理论。该理论认为，把表面活性剂所形成的液膜看做一个二维的双面膜第三相，同时与水和油相平衡。双面膜在油、水两边的表面压由表面活性剂的亲水、亲油部分的相互作用来决定。

② 加溶理论。将微乳液看做膨胀胶束体系来解释，可以直接由水、油和表面活性剂 3 组分相图来直接找出两个微乳区，即各向同性水溶液区 L_1（胶束或 O/W 微乳液）和各向同性油溶液区 L_2（反胶束或 W/O 微乳液）。

③ 热力学理论。认为由两种表面活性剂结合可使界面张力降到足够低，达到界面自由能足以补偿微乳液的形成所引起的熵的减少[1,2]。

三、 实验药品及仪器

主要试剂：硝酸锌 [$Zn(NO_3)_2 \cdot 6H_2O$，AR]，曲拉通（$C_{34}H_{62}O_{11}$，AR），正丁醇（$C_4H_{10}O$，AR），环己烷（C_6H_{12}，AR），正己醇（$C_6H_{14}O$，AR），去离子水（H_2O），碳酸钠（Na_2CO_3，AR），碳酸铵 [$(NH_4)_2CO_3$，AR]，尿素 [$CO(NH_2)_2$，AR]，氨水（$NH_3 \cdot H_2O$，AR）。

主要仪器：烧杯，量筒，玻璃棒，电磁搅拌器，磁子，烘箱，研钵，药勺，样品袋，坩埚，马弗炉，电子天平，烘箱，X 射线衍射仪，比表面积测定仪，扫描电子显微镜。

四、 实验步骤

① 配制同样组成的反相微乳液两份 A 和 B。以 Triton X-100 为表面活性剂，正己醇为助表面活性剂，环己烷为油相，按体积比 1:1.2:2 进行混合。

② 称取一定量的金属硝酸锌，加入一定量的去离子水溶解，保持浓度为 $0.25 \sim 0.75 mol/L$。加入到 A 反相微乳液中。

③ 将一定量的沉淀剂（碳酸铵、碳酸钠、氨水）溶于去离子水中。搅拌使其溶解；浓度约为 $1.0 mol/L$。加入到 B 反相微乳液中。

④ 室温下取一定量的微乳液 A 缓慢加入微乳液 B 中，控制 pH 值为 $7 \sim 8$，剧烈搅拌 1h，室温下静置老化 24h。

⑤ 当烧杯底部出现絮状细粉而上部仍澄清时，进行离心分离。100℃下干燥 24h，

500℃下焙烧 4h 烧掉残存的表面活性剂。

⑥ 热处理粉的 XRD、SEM、比表面积、DSC-TGA 表征。

a. 取 50mg 干燥后的粉待做 DSC-TGA 实验,观察粉体的热变化行为。

b. 取 100mg 以上的热处理粉末做 XRD 实验,测定粉体的相组成和粒径。

c. 取 100mg 以上的热处理粉末测定比表面积。

注意考察前驱体的合成温度 (20℃、25℃、30℃ 和 35℃) 及浓度 (0.25mol/L、0.4mol/L、0.5mol/L、0.75mol/L) 对合成氧化锌的影响。

五、 实验记录与结果分析

① 据 DSC-TG、XRD、SEM、比表面积实验得出:

a. 晶相形成温度;

b. 组成、晶型和晶粒大小;

c. 颗粒形貌;

d. 比表面积及孔径分布。

② 实验结论:_____

_____

_____

六、 思考题

1. 反相微乳液技术制备纳米材料的优缺点各是什么。

2. 正己醇在合成过程中的作用是什么?

参考文献

[1] 梁文平,殷福珊. 表面活性剂在分散体系中的应用 [M]. 北京:中国轻工业出版社,2003.

[2] 刘树信,霍冀川,李炜罡等. 反相微乳液法制备纳米颗粒研究进展 [J]. 无机盐工业,2004,36 (5):7-10.

实验 20 微型喷雾干燥实验

一、 实验目的

1. 了解微型喷雾干燥装置的结构。
2. 熟悉微型喷雾干燥装置的基本原理及应用领域。
3. 了解微型喷雾干燥装置的特点。

二、 基本原理

微型喷雾干燥装置具有体积小、重量轻、易操作等优点。干燥塔的塔体为玻璃制成，塔直径只有 130mm，塔高仅 490mm，在实验操作过程中可观察到塔内喷嘴的雾化情况及造粒过程。

喷雾干燥是干燥单元操作的特殊过程，主要用于化学工业的造粒，如催化剂的生产、染料的干燥；食品工业的饮料、奶粉制造；生物制药工业的药品生产等，应用十分广泛。

其基本原理都是将欲干燥的浆料分散成雾滴，然后与热气流接触，同时在瞬间脱水得到粉状或球状的颗粒。雾化是该装置最基本的条件，它依靠喷嘴去完成。喷头结构也有多种类型；通常有压力喷头、转盘和双流式等几种。

本装置采用双流式喷嘴。操作方式为喷嘴在塔的顶部垂直向下雾化与从顶部进入的热风并流接触，流向塔底，气流在塔的底部带着干燥好的粉粒进入旋风分离器，将粉粒与气体分离。即物料在喷嘴的中间管向下流过，经压缩机加压的空气在喷嘴的环隙流过，当离开出口时，浆液被撕裂为雾滴。雾滴的大小与浆料湿含量、黏度、流量、喷嘴进风压力等因素有关。要选用最佳的操作参数才能得到好的结果。当物料的种类和浆液的湿含量已经确定后，可调节进风量和喷嘴的进风压力及浆液的进料速度以得到理想的结果。图 20-1 为喷雾干燥设备流程示意图。

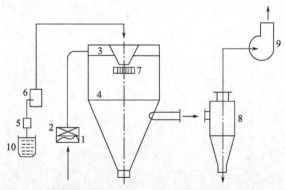

图 20-1 喷雾干燥设备流程示意图

1—空气过滤器；2—加热器；3—热风分配器；4—干燥室；5—过滤器；6—泵；
7—喷头；8—旋风分离器；9—风机；10—料液精

三、 技术指标与结构参数

出风温度控制：30～140℃。

蒸发水量：1500～2000mL/h。

最大进料量：蠕动泵可调最大为2000mL/h。

最小进料量：50mL/h。

四、 实验前准备工作

① 检查各部分接线与标识是否相符。

② 连接好气路和液路的管接头，慢慢打开冷却水管调节阀通入冷却水。

③ 浆料的准备工作。在喷雾操作前必须对浆料进行过滤处理，防止有较大的颗粒物堵塞喷头，处理方法是将料液倒入100目的不锈钢筛子内从下部收集浆料，再将其放入有搅拌转子的烧杯内，置于搅拌器上，开启搅拌器处于搅动状态。为喷出较细的粒子，有些物料还可用胶体磨进行细磨。

注意：有些浆料是粉体与水的悬浮液，静止时粉体就沉降在底部，这样就无法通过蠕动泵进行输送，故一定要搅拌待用。有些浆料是均一的状态，可以不必搅拌直接将蠕动泵的入口管插入该液体内即可。

④ 烧杯中放入清水（供清洗喷嘴用），另一烧杯中放入欲喷雾干燥的液体，并把它放在磁力搅拌器上，开启电源投入磁棒进行搅拌。

⑤ 将蠕动泵的胶管安装好，插入清水杯中，开启泵的电源，调节进液流量达到一定值，停止加液。

⑥ 装置的清洗。停车降至室温后要打开塔体上部的卡环，取下塔体进行清洗。在不改变产品类型的条件下就不必用水洗方法，只有在干刷时刷不掉附着的粒子时才使用水洗，这样能使内壁光滑，减少附着物。

⑦ 收集瓶的装卸。收集瓶一定要干燥的，在即将装满颗粒后，将进料改为清水，当水进入喷头后就没有物料排出，此时可卸下收集器，换上新的。切忌在喷雾料时换收集器，那样会有大量的物料飞出。绝对禁止这种操作方法。

五、 实验方法

1. 料液的配置

用电子天平称取一定量干的粉状固体物 m g，用量筒量取 n mL 清水，将 m g 固体倒入 n mL 清水中，配置成一定浓度的料液。一般固含量为 20%～30% 比较合适。

2. 实验数据的读取

空气进口、出口温度、离心风机流量和蠕动泵的流量直接在控制面板上读取，雾化空气流量由转子流量计读取。

3. 产品含水量的测定

将收集到的产品称重得 W g 后，放入恒温干燥箱，在 95℃ 左右温度下干燥 12h 后，得到绝干产品量 W_c g，产品含水率为：

$$\omega = (W - W_c)/W \times 100\% \tag{20-1}$$

六、 实验操作

1. 升温

① 打开空气转子流量计下面的放空阀（逆时针开至最大）。否则，当开启风机时，转子会把玻璃管打坏。

② 依次开启总电源、风机电源、自动控温电源、测温电源、测压电源。（仪表使用见人工智能型工业调节器使用说明书，不按说明书的方法随意操作会造成仪表的参数改变，会引起仪表动作的失误）温度给定值在 180～250℃（注意：温度选择是根据物料性质而定的，对有热敏性的物料要选较低的温度，而对其他不受温度影响的物料可选温度高些）。到达设定温度后，仪表可自动控制。

2. 调风

开启风机分电源后，调节进风量，此时变频器显示：000Hz，然后按变频器"run"按钮，此时显示：0.0Hz，缓慢调节变频器旋钮，给定电流频率，控制在 15m³/h 左右（视物料的性质选一个固定值，）观察温度上升情况。当温度上升到规定温度时，开启无油空压机，调节喷嘴的进风压力，在 0.05～0.15MPa 选一个固定值。

3. 喷雾操作

喷雾操作前一定要用水做一次预喷雾。这会对整体操作有很大的帮助。其方法是将蠕动泵的进料管放入清水烧杯内，开启蠕动泵，调节进料量，在 20～40r/min 选一个固定值。调节喷嘴的进风压力，将喷头向下观察雾滴分散情况，雾滴颗粒过大，可减少进液量或加大喷嘴进气压力；雾滴过细可加大进料量或降低喷嘴压力。开启冷却喷头的水阀门通水。选取适宜的条件后，记录下各部分的操作参数，将喷头插入喷雾干燥塔的顶部插孔内，同时将蠕动泵的进口管插入放在磁力搅拌器上正在搅拌的烧杯内。很快就会有温度和压力的变化，并能看到旋风分离器内有粉体出现，此时表示在正常喷雾。可用手轻轻拍击干燥器的底部锥面，使降落在锥面上的粉体排出。

4. 停车

① 将蠕动泵入口管插入清水杯内，对喷头进行清洗后，再关闭蠕动泵电源及压缩机电源。

② 将加热用的电位器调回原点。关闭加热电源。

③ 继续进风降温，当出口温度降至 60℃ 以下时可关闭风机。

④ 取下旋风分离器的收集瓶，可对有关指标进行测试（粒度分布、粒子形状、粒子强度等）。

七、 注意事项

① 停车前必须停止加热，不能关闭风机电源，加热炉的热量要靠通风带出降温，若风机停止转动会把加热丝烧毁。

② 拆下干燥塔及收集瓶，清除粘在塔壁上的物料。更换物料时要用清水将塔洗净。

③ 喷头一定要用清水清洗干净。

④ 正常操作时，玻璃干燥塔温度较高，且勿用手摸。

八、 故障处理

① 开启电源开关后若指示灯不亮，并且没有交流接触器吸合声，则说明保险坏了或电

源线没有接好。

② 控温仪表、显示仪表若出现四位数字，则说明热电偶有断路现象。

③ 若仪表正常但电流表没有指示，则可能是保险坏了或固态变压器、固态继电器坏了。

④ 正常操作时，如果旋风分离器无粉粒出现，检查喷头是否堵塞或输送物料的管路是否畅通。当有浆液滴进塔底及下面的收集瓶时，可适当减少进料量。

九、实验记录与结果分析

① 记录实验技术指标与参数。

指标	喷嘴的进风压力	进气温度	压缩空气流量	空气流量
数值				

② 要搞清被干燥好的颗粒情况，还应该用高放大倍数的放大镜观察粒子的形状，用粒度测定仪测定粒度分布。在条件不具备的情况下也可用筛分法测定粒度分布。

目数			
质量分数			

③ 实验结论：_____

_____

_____

十、思考题

1. 为什么在喷雾操作前必须对浆料进行过滤处理？
2. 微型喷雾干燥装置工作的基本原理是什么？

实验 21 差热-热重法研究五水硫酸铜的脱水过程

一、 实验目的

1. 了解热分析的一般原理和热分析仪的基本构造。
2. 掌握热分析仪的使用方法。
3. 测定硫酸铜晶体的差热曲线，解释曲线变化的原因，分析硫酸铜晶体的五个结晶水的脱除过程。

二、 实验原理

热分析是一种非常重要的分析方法，它是在程序控制温度下，测量物质的物理性质与温度关系的一种技术。热分析主要用于研究物理变化（晶型转变、熔融、升华和吸附等）和化学变化（脱水、分解、氧化和还原等）。热分析不仅提供热力学参数，而且还可给出有一定参考价值的动力学数据。热分析在固态科学的研究中被大量而广泛地采用，诸如研究固相反应、热分解和相变以及测定相图等。许多固体材料都有这样或那样的"热活性"，因此热分析是一种很重要的研究手段。

1. 热重法（TG）

热重法（thermogravimetry，TG）是在程序控温下，测量物质的质量与温度或时间的关系的方法，通常是测量试样的质量变化与温度的关系。

（1）热重曲线

由热重法记录的重量变化对温度的关系曲线称热重曲线（TG 曲线）。曲线的纵坐标为质量，横坐标为温度（或时间）。例如固体的热分解反应为：

A（固）⟶B（固）＋C（气）

其热重曲线如图 21-1 所示。

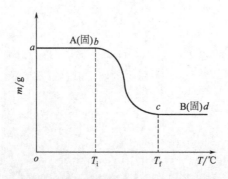

图 21-1 固体热分解反应的典型热重曲线

图中 T_i 为起始温度，即试样质量变化或标准物质表观质量变化的起始温度；T_f 为终止温度，即试样质量或标准物质的质量不再变化的温度；$T_f - T_i$ 为反应区间，即起始温度与终止温度的温度间隔。TG 曲线上质量基本不变动的部分称为平台，如图 21-1 中的 ab 和 cd。从热重曲线可得到试样组成、热稳定性、热分解温度、热分解产物和热分解动力学等有关数据。同时还可获得试样质量变化率与温度或时间的关系曲线，即微商热重曲线。

当温度升至 T_i 才产生失重。失重量为 $W_0 - W_1$，其失重百分数为：

$$(W_0 - W_1)/W_0 \times 100\% \tag{21-1}$$

式中，W_0 为试样质量；W_1 为失重后试样的质量。反应终点的温度为 T_f，在 T_f 形成稳定相。若为多步失重，将会出现多个平台。根据热重曲线上各步失重量可以简便地计算出各步的失重分数，从而判断试样的热分解机理和各步的分解产物。需要注意的是，如果一个试样有多步反应，在计算各步失重率时，都是以 W_0，即试样原始质量为基础的。从热重曲线可看出热稳定性温度区，反应区，反应所产生的中间体和最终产物。该曲线也适合于化学量的计算。

在热重曲线中，水平部分表示质量是恒定的，曲线斜率发生变化的部分表示质量的变化，因此从热重曲线可求算出微商热重曲线。事实上新型的热重分析仪都有计算机负责处理数据，通过计算机软件，从 TG 曲线可得到微商热重曲线。

微商热重曲线（DTG 曲线）表示质量随时间的变化率（dW/dt），它是温度或时间的函数：

$$dW/dt = f(T \text{ 或 } t) \tag{21-2}$$

DTG 曲线的峰顶 $d^2W/dt^2 = 0$，即失重速率的最大值。DTG 曲线上的峰的数目和 TG 曲线的台阶数相等，峰面积与失重量成正比。因此，可从 DTG 的峰面积算出失重量和百分率。

在热重法中，DTG 曲线比 TG 曲线更有用，因为它与 DTA 曲线相类似，可在相同的温度范围内进行对比和分析，从而得到有价值的信息。

实际测定的 TG 和 DTG 曲线与实验条件，如加热速率、气氛、试样质量、试样纯度和试样粒度等密切相关。最主要的是精确测定 TG 曲线开始偏离水平时的温度即反应开始的温度。总之，TG 曲线的形状和正确的解释取决于恒定的实验条件。

（2）热重曲线的影响因素

为了获得精确的实验结果，分析各种因素对 TG 曲线的影响是很重要的。影响 TG 曲线的主要因素基本包括以下几点。

① 仪器因素：浮力、试样盘、挥发物的冷凝等。

② 实验条件：升温速率、气氛等。

③ 试样的影响：试样质量、粒度等。

2. 差热分析（DTA）

差热分析（differential thermal analysis，DTA）是在程序控制温度下，测量物质和参比物的温度差与温度关系的一种方法。当试样发生任何物理或化学变化时，所释放或吸收的热量使试样温度高于或低于参比物的温度，从而相应地在差热曲线上可得到放热或吸热峰。差热曲线（DTA 曲线）是由差热分析得到的记录曲线。曲线的横坐标为温度，纵坐标为试样与参比物的温度差（ΔT），向上表示放热，向下表示吸热。差热分析也可测定试样的热容变化，它在差热曲线上反映出基线的偏离。

（1）差热分析的基本原理

图 21-2 所示为差热分析的原理图。图中两对热电偶反向联结，构成差示热电偶。S 为

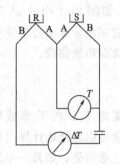

图 21-2　差热分析原理图

试样，R 为参比物。在 T 处测得的为试样温度 T_S；在电表 ΔT 处测得的即为试样温度 T_S 和参比物温度 T_R 之差 ΔT。所谓参比物为一种热容与试样相近而在所研究的温度范围内没有相变的物质，通常使用的是 $\alpha\text{-}Al_2O_3$、熔石英粉等。

如果同时记录 $\Delta T\text{-}t$ 和 $T\text{-}t$ 曲线，可以看出曲线的特征和两种曲线相互之间的关系，如图 21-3 所示。在差热分析过程中，试样和参比物处于相同受热状况。如果试样在加热（或冷却）过程中没有任何相变发生，则 $T_S=T_R$，$\Delta T=0$，这种情况下两对热电偶的热电势大小相等；由于反向联结，热电势互相抵消，差示热电偶无电势输出，所以得到的差热曲线是一条水平直线，常称做基线。由于炉温是等速升高的，所以 $T\text{-}t$ 曲线为一平滑直线，如图 21-3(a) 所示。

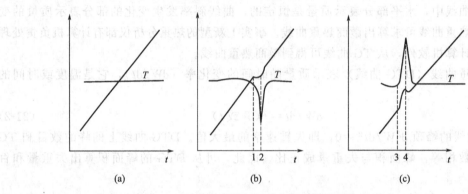

图 21-3　差热曲线类型及其与热分析曲线间的关系

过程中当试样有某种变化发生时，$T_S\neq T_R$，差示热电偶就会有电势输出，差热曲线就会偏离基线，直至变化结束，差热曲线重新回到基线。这样，差热曲线上就会形成峰。图 21-3(b) 为有一吸热反应的过程。该过程的吸热峰开始于 1，结束于 2。$T\text{-}t$ 与 $\Delta T\text{-}t$ 曲线的关系，图中已用虚线联系起来。图 21-3(c) 为有一放热反应的过程，有一放热峰，$T\text{-}t$ 与 $\Delta T\text{-}t$ 曲线的关系同样用虚线联系起来。

图 21-3 中的曲线均属理想状态，实际记录的曲线往往与它有差异。例如，过程结束后曲线一般回不到原来的基线，这是因为反应产物的比热容、热导率等与原始试样不同。此外，由于实际反应起始和终止往往不是在同一温度，而是在某个温度范围内进行，这就使得差热曲线的各个转折都变得圆滑起来。

图 21-4 为一个实际的放热峰。反应起始点为 A，温度为 T_i；B 为峰顶，温度为 T_m，主要反应结束于此，但反应全部终止实际是 C，温度为 T_f。自峰顶向基线方向作垂直线，与 AC 交于 D 点，BD 为峰高，表示试样与参比物之间的最大温差。在峰的前坡（图中 AB 段），取斜率最大一点向基线的方向作切线与基线的延长线交于 E 点，称为外延起始点，E 点的温度称为外延起始点温度，以 T_{eo} 表示。ABC 所包围的面积称为峰面积。

（2）差热曲线的特性

① 差热峰的尖锐程度反映了反应自由度的大小。自由度为零的反应其差热峰尖锐；自由度越大，峰越圆滑。它也和反应进行的快慢有关，反应速率愈快、峰愈尖锐，反之愈圆滑。

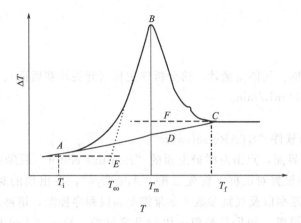

图 21-4 实际的差热曲线

② 差热峰包围的面积和反应热有函数关系，也和试样中反应物的含量有函数关系。据此可进行定量分析。

③ 两种或多种不相互反应的物质的混合物，其差热曲线为各自差热曲线的叠加。利用这一特点可以进行定性分析。

④ A 点温度 T_i 受仪器灵敏度影响，仪器灵敏度越高，在升温差热曲线上测得的值越低且越接近于实际值；反之 T_i 值越高。

⑤ T_m 并无确切的物理意义。体系自由度为零及试样热导率极大的情况下，T_m 非常接近反应终止温度。对其他情况来说，T_m 并不是反应终止温度。反应终止温度实际上在 BC 线上某一点。自由度大于零，热导率极大时，终止点接近于 C 点。T_m 受实验条件影响很大，作鉴定物质的特征温度不理想。在实验条件相同时可用来作相对比较。

⑥ T_f 很难被授以确切的物理意义，只是表明经过一次反应之后，温度到达 T_f 时曲线又回到基线。

⑦ T_{eo} 受实验影响较小，重复性好，与其他方法测得的起始温度一致。国际热分析协会推荐用 T_{eo} 来表示反应起始温度。

⑧ 差热曲线可以指出相变的发生、相变的温度以及估算相变热，但不能说明相变的种类。在记录加热曲线以后，随即记录冷却曲线，将两曲线进行对比可以判别可逆的和非可逆的过程，这是因为可逆反应无论在加热曲线还是冷却曲线上均能反映出相应的峰，而非可逆反应常常只能在加热曲线上表现而在随后的冷却曲线上却不会再现。差热曲线的温度需要用已知相变点温度的标准物质来标定。

（3）影响差热曲线的因素

影响差热曲线的因素比较多，其主要有以下几个方面。

① 仪器方面的因素：包括加热炉的形状和尺寸、坩埚大小、热电偶位置等。

② 实验条件：升温速率、气氛等。

③ 试样的影响：试样用量、粒度等。

三、 实验药品及仪器

主要试剂：硫酸铜（$CuSO_4 \cdot 5H_2O$，AR）。

主要仪器：热分析仪、药匙，刚玉坩埚。

四、 实验步骤

1. 开机

依次开启恒温水槽、气体流量计、热分析仪主机（开关均在后面）、电脑。打开氮气瓶，控制氮气流量在 40～80mL/min。

2. 操作步骤

① 打开桌面上的软件"STARe software"。

a. 进入软件窗口界面，点击左栏最上面的"Routline editor"后建立新的控温程序，点击"New"，出现程序设置对话框，首先点击"Add Dyn"，在出现的对话框中输入起始温度、终止温度、升温速率以及气氛参数。如果需要多段程序控温，请再点击"Add Iso"，进行下一段的温度程序设置，如果只是单一段的升温过程，只在"Add Dyn"设置后保存即可。如果该控温程序以前设置并保存过，在打开"Routline editor"后，点击"Open"，查找相关程序，找到后双击即可。

b. 选择好控温程序后会自动返回"Routline editor"状态下的初始界面，再在"Sample Name"中输入样品的名字。

② 在打开主机（机身后面红色开关）后，等待仪器内置天平平衡后，在主机的显示屏上会显示温度，说明天平工作正常。

a. 按仪器主机控制面板上的"Furnace"，打开炉门，用镊子将空坩埚（或加盖）放置于天平托盘上，再次按"Furnace"关闭炉门。

b. 关闭炉门后，注意观察显示屏（按"Rotate"，将显示状态调至质量状态）天平是否平衡，"S：ST"表示平衡，"S：US"表示没有平衡。等到天平平衡后按"Tare"去皮，即将坩埚质量去除。

c. 再次按"Furnace"打开炉门，取出坩埚，添加样品（5～15μg 即可），再将坩埚放置于天平上，关闭炉门，等待天平平衡。

d. 天平平衡后，点击电脑软件界面上的"Send Experiment"，等到温度上升到所设置的初始温度后，点击"OK"，这时电脑界面的状态栏由绿色变成红色，测试开始。

e. 等待测试完成。完成后电脑界面状态栏再次变成绿色。

f. 等仪器温度降至 50℃以下才能打开炉门或关闭低温恒温槽。

3. 结果处理

① 测试结束后，打开软件"STARe software"，点击"Functions"，下拉菜单点击"Evaluation window"出现空白窗口，点击"File"下的"Open Curve"查找测试数据，点击打开数据，出现热重曲线。

② 点击"TA"栏下"SDTA"出现 SDTA 曲线即为差热曲线。

③ 从差热曲线中分析出样品的吸热峰和放热峰，从热重曲线上分析出样品质量的损失。也可以将数据导入 origin 软件进行分析。

4. 实验结束

依次关掉主机、恒温水槽、氮气瓶及气体流量计、电脑。

五、 实验记录与结果分析

① 采用 origin 软件画出热分析曲线图并粘贴在实验报告中。

② 根据所得到的热分析曲线，分析硫酸铜晶体的五个结晶水的脱除过程。

③ 分析差热曲线，观察样品的吸热峰和放热峰与热重曲线的对应关系，说明原因。

④ 实验结论：_____

_____

六、 思考题

1. 要使一个多步分解反应过程在热重曲线上明晰可辨，应选择什么样的实验条件？

2. 影响质量测量准确度的因素有哪些？在实验中可采取哪些措施来提高测量准确度？

3. 为什么要控制升温速度？升温过快、过慢有何后果？

七、 注意事项

1. 保持样品坩埚的清洁，应使用镊子夹取，避免用手触摸。

2. 应尽量避免在仪器极限温度附近进行恒温操作。

3. 试验完成后，必须等炉温降到100℃以下后才能打开炉体。

4. 试验完成后，必须等炉温降到室温时才能进行下一个试验。

5. 选择适当的参数。不同的样品，因其性质不同，测试登记前请先查阅相关资料，根据自己样品的特性选择并确定最佳测试条件。

6. 样品取量要适当，样品量太大，会使TG曲线偏离。

7. 注意冷却水的畅通，以免仪器损坏。

实验22　碳热还原法合成 LiFePO₄/C 复合材料

随着全球能源与环境危机的不断加剧，作为新型清洁能源的锂离子电池，以其独特的优点而备受人们的关注。锂离子电池具有电压高、比能量大、无污染、无记忆效应和寿命长等优点，已被广泛应用于移动电话、数码相机和笔记本电脑等便携式电器装置，同时作为石油的替代能源在电动车及混合电动车上也将大规模应用。

橄榄石型磷酸铁锂（LiFePO₄）自 1997 年被 Padhi 等[1]发现以来，许多学者对其进行了深入的研究。磷酸铁锂与其他正极材料相比具有以下优点[2~5]：不含贵重元素，原料廉价，资源丰富；工作电压适中（3.4V），平台特性好，电压平稳；理论容量较大（170mA·h/g）；结构稳定，安全性能好；高温性能和热稳定性高；循环性能好；与大多数电解液系统兼容性好，储存性能好；无毒。被认为是极有应用潜力的锂离子电池正极材料，尤其适合动力电池的要求。

一、 实验目的

1. 学习复合材料的制备过程和原理。
2. 了解碳热还原的基本原理。
3. 学习固相法合成复合材料的基本过程。

二、 实验原理

本实验是在高温下用碳还原金属氧化物制取金属的方法。例如，在高温下用碳还原氧化亚铁可得金属铁：

$$FeO+C \longrightarrow Fe+CO \tag{22-1}$$

其热力学依据是：金属氧化物的生成自由能变化 ΔG(MO) 是随温度的升高而逐渐增高（负值变小）的，而一氧化碳的生成自由能变化 ΔG(CO) 却是随温度的升高而明显降低（负值变大）的，所以当温度升高到 ΔG(CO)$-\Delta G$(MO)<0 时，原来在低温下不能进行的反应变得能够进行。

在合成 LiFePO₄/C 复合材料中，我们可以以有机化合物为碳源，在整个升温合成过程中，有机碳源在一定温度下分解、碳化生成碳，从而提供了还原剂，使得整个反应环境为还原气氛，保证了 Fe^{2+} 不会被氧化，从而得到纯度很高的磷酸铁锂。

三、 实验药品及仪器

主要试剂：三氧化二铁（Fe₂O₃，AR），碳酸锂（Li₂CO₃，AR），磷酸二氢铵（NH₄H₂PO₄，AR），乙醇（C₂H₅OH，AR），柠檬酸（C₆H₈O₇，AR）。

主要仪器：恒温干燥箱，管式炉，行星球磨机，球磨罐，天平，各种玻璃容器等。

四、 实验步骤

① 按照化学计量比称取能合成 5g 复合材料的原料。柠檬酸添加量为 40％。

② 将上述称取的试剂放在球磨罐中，加入适量的无水乙醇，放置于行星球磨机上球磨 4h，然后将球磨好的原料倒入烧杯中于恒温干燥箱中干燥 8h。

③ 将干燥后的原料再次在玛瑙研钵中研磨至细，放入陶瓷坩埚，盖盖后置于管式炉中。

④ 在高纯氮气为保护气体的气氛下，以 5℃/min 升温至 350℃后保温 6h，然后再以 5℃/min 升温至 700℃后保温 24h，最后随炉冷却。

⑤ 将冷却后的样品进行物相分析。

⑥ 分析和测定材料的真实密度和碳含量。

五、 实验记录与结果分析

① 物相分析结果。

② 材料的真实密度。

③ 材料的碳含量。

④ 实验结论：_____

_____

_____

六、 思考题

1. 如何确定碳源的分解温度。

2. 多余的碳是否应该除去，为什么？

参考文献

[1] Padhi A K, Nanjundaswamy K S, Goodenough J B. Phospho-olivines as positive-electrode materials for rechargeable lithium batteries，J. Electrochem. Soc，1997，144：1188-1194.

[2] Kim J K, Cheruvally G, Choi J W, et al. Effect of mechanical activation process parameters on the properties of LiFePO₄ cathode material，J. Power Sources，2007，166：211-218.

[3] Arnold G, Garche J, Hemmer R, et al. Wohlfahrt-Mehrens, Fine-particle lithium iron phosphate LiFePO₄ synthesized by a new low-cost aqueous precipitation technique，J. Power Sources，2003，119/121：247-251.

[4] Takahashi M, Ohtsuka H, Akuto K, et al, Confirmation of long-term cyclability and high thermal stability of LiFePO₄ in prismatic lithium-ion cells，J. Electrochem. Soc，2005，152：A899-A904.

[5] Huang H, Yin S C, Nazar L F. Approaching theoretical capacity of LiFePO₄ at room temperature at high rates，Electrochem. Solid-State Lett，2001，4：A170-A172.

实验23　Ag 修饰 LiFePO₄/C 正极材料的制备及其电化学性能研究

　　自从 1997 年 Padhi 等[1]首次报道了磷酸铁锂可逆的锂离子嵌入/脱出机理后,磷酸铁锂成为锂离子电池正极材料的最大研究热点。

　　LiFePO₄具有以下优点[2~8]:①不含贵重金属元素,原料相对廉价且资源丰富;②工作电压适中（3.4V vs Li⁺/Li),电压平稳且平台特性好;③理论比容量较大(170mA·h/g),大于 LiCoO₂ 和 LiMn₂O₄ 正极材料的实际比容量;④结构稳定,安全性能好;⑤高温性能好,在 50℃以上仍能保持优良的电化学性能;⑥循环性能好（可达 2000 次以上）;⑦与大多数电解液兼容性好,储存性能好;⑧环境友好,无毒。因此,LiFePO₄被认为是极有应用潜力的锂离子电池正极材料,尤其适合动力电池的要求[9]。表 23-1 为不同锂离子电池正极材料的性能对比。

表 23-1　不同正极材料性能对比

正极材料	LiCoO₂	LiNiO₂	LiMn₂O₄	LiNi$_x$CO$_{1-2x}$Mn$_x$O₂	LiFePO₄
理论比容量/(mA·h/g)	274	274	148	280	170
实际比容量/(mA·h/g)	140	190	120	大于 150	140
电压平台/V	3.7	3.5	4.0	3.7	3.4
循环性能	优	优	优	优	极优
热稳定性	一般	差	好	较好	好
振实密度/(g/cm³)	2.8~3.0	2.4~2.6	2.2~2.3	2.0~2.3	1.0~1.4
环保情况	含钴	含镍	含锰	基本无毒	无毒
原料成本	很高	一般	低廉	高	低廉
制备难度	容易	很难	困难	容易	容易

　　然而,LiFePO₄也存在着一定的缺点。第一,自身的电子电导率低（约 10⁻⁹S/cm）和锂离子扩散系数小（约 $1.8×10^{-14}$ cm²/s)[10~12],从而严重影响了 LiFePO₄ 的电化学性能,尤其是在高倍率充放电时的电化学性能,大大限制了其在动力电池上的广泛应用。第二,低温性能差[13],影响其在低温特殊环境中的应用,如在军事和航空航天任务中的应用。第三,振实密度小[14,15]。LiFePO₄的理论密度约为 3.6g/cm³,比其他正极材料小得多（LiCoO₂的理论密度为 5.1g/cm³),另外,由于在实际应用中,往往在 LiFePO₄中加入导电剂碳,由于碳的振实密度更低,因此这就使得 LiFePO₄ 正极材料振实密度一般只能达到 1.0~1.3g/cm³[16]。因此,如何改善和提高 LiFePO₄ 正极材料的电子电导率、锂离子扩散速度、低温性能和振实密度等成为当前研究的重点方向。

在改善和提高磷酸铁锂电子电导率、锂离子扩散速率及低温性能等方面，除了添加碳或添加其他导电剂的方法以外，控制颗粒形状和粒度也具有重要作用，同时也能有效提高材料的振实密度。因此，在对磷酸铁锂颗粒进行碳包覆的过程中，同时对颗粒形状和粒度进行控制，这将会同时改善和提高磷酸铁锂电子电导率、锂离子扩散速率和振实密度。另外，氧化物包覆磷酸铁锂也可以很好地提高磷酸铁锂电化学性能，尤其是材料的低温电化学性能和高倍率放电性能。

一、 实验目的

1. 学习复合材料的制备与分析方法。
2. 学习扣式电池的组装。
3. 学习和掌握电池性能的测试方法。

二、 实验原理

针对 LiFePO₄ 材料电导率低的问题，目前常用的改性方法有碳包覆[16~20]、金属离子掺杂[21~24]、金属包覆[25,26]。Croce 等[26]采用溶胶凝胶法，用 1%（质量分数）的纳米级铜粉对 LiFePO₄ 进行包覆，提高了首次放电容量及循环性能。他们认为是分散在 LiFePO₄ 中的金属粒子给 LiFePO₄ 提供了导电桥的作用，增强了粒子之间的导电能力，减少了粒子之间的阻抗。因此，导电性更好的银也势必能提高 LiFePO₄ 粒子之间的导电能力。

LiFePO₄/C 正极材料制备的反应过程：

$$C_6H_{12}O_6 \longrightarrow 6C + 6H_2O\uparrow \tag{23-1}$$

$$Li_2CO_3 + 2FeC_2O_4 + 2NH_4H_2PO_4 \longrightarrow 2LiFePO_4 + 2NH_3\uparrow + 3CO_2\uparrow + 2CO\uparrow + 3H_2O\uparrow \tag{23-2}$$

其中 $C_6H_{12}O_6$ 热解生成的碳不仅可以提供还原气氛而保持 Fe^{2+} 的稳定，提高产物纯度，而且可以阻碍晶粒的聚集长大，控制颗粒形状，提高 LiFePO₄ 的电导率。

硝酸银加热至 440℃时分解成银、氮气、氧气和二氧化氮，其化学反应方程式为：

$$6AgNO_3 \longrightarrow 6Ag + 2N_2\uparrow + 7O_2\uparrow + 2NO_2\uparrow \tag{23-3}$$

三、 实验药品与仪器

主要试剂：碳酸锂（Li_2CO_2，AR），草酸亚铁（$FeC_2O_4 \cdot 2H_2O$，AR），磷酸二氢铵（$NH_4H_2PO_4$，AR），硝酸银（$AgNO_3$，AR），葡萄糖（$C_6H_{12}O_6$，AR）

主要仪器：行星球磨机，管式高温炉，手套箱，电池组装模块，X 射线粉末衍射仪，扫描电子显微镜，X 射线能谱仪，充放电测试仪、电化学工作站等。

四、 实验步骤

1. 正极材料的合成

（1） LiFePO₄/C 的制备

将 Li_2CO_2、$FeC_2O_4 \cdot 2H_2O$、$NH_4H_2PO_4$ 和 $C_6H_{12}O_6$ 按照摩尔比 Li：Fe：P ＝ 1：1：1，$C_6H_{12}O_6$ 用量为原料总质量的 5%，准确称取各物质。将上述试剂置于球磨罐中，加入适量的无水乙醇，在行星球磨机上球磨 4h，然后将浆料烘干置于通有高纯氮气的管式炉中，首先以 5℃/min 的升温速率升至 350℃ 保温 6h，然后再以 5℃/min 的升温速率升至 700℃ 保温 24h，最后得到 $LiFePO_4/C$ 正极材料。

（2）$LiFePO_4/Ag/C$ 的制备

取适量的 $AgNO_3$ 配制成 $AgNO_3$ 溶液。取 $LiFePO_4/C$ 粉末加入到蒸馏水和乙醇体积比为 1:1 的混合溶液中，得到 $LiFePO_4/C$ 悬浊液。再将 $LiFePO_4/C$ 悬浊液置于可控温的磁力搅拌器上，加热至 50℃，在搅拌下加入适量 $AgNO_3$ 溶液，满足银的质量分数占 $LiFePO_4/C$ 质量的 5%，继续搅拌至溶剂蒸发完全，得到前驱体粉末。然后将上述得到的前驱体粉末在 600℃ 下热处理 6h，最后得到 $LiFePO_4/Ag/C$ 正极材料。

2. 正极片的制备

首先将制备好的正极材料研磨并过筛，然后与导电剂乙炔黑和黏结剂聚偏氟乙烯（PVDF）按照质量比 80:10:10 混合，以有机溶剂 N-甲基吡咯烷酮（NMP）为分散剂以溶解黏结剂 PVDF。持续研磨上述混合物一段时间至各物质之间混合均匀，混合物呈较为黏稠的浆料。然后用涂膜器将混合好的浆料涂在铝箔上，置于真空干燥箱中在 120℃ 下干燥 12h，烘干后用钢铳铳成直径为 14mm 的圆形正极片，待用。

3. 电池的组装

电池的组装在高纯氩气气氛的手套箱中进行。以上述制备好的正极片为正极，锂片为负极，以 1mol/L 的 $LiPF_6$/EC(碳酸乙烯酯)/DMC(碳酸二乙酯)（EC 和 DMC 体积比 1:1）为电解质，隔膜为 Celgard 2320 聚丙烯微孔膜。使用两电极电池测试模块进行电池的性能测试，电池模块结构如图 23-1 所示。组装顺序为：①将 CR2430 电池壳底放好，放入正极极片，活性物质面朝上；②滴入 2~3 滴电解液，将隔膜对中放在壳底平面上；③在隔膜上放好直径为 18mm 的锂片；④在锂片上放好不锈钢压片，压紧；⑤扣上不锈钢电池上盖；⑥将组装好的扣式电池翻转，底壳向上放置在模块中；⑦拧上模块的上端盖，电池组装完毕，从手套箱中取出。

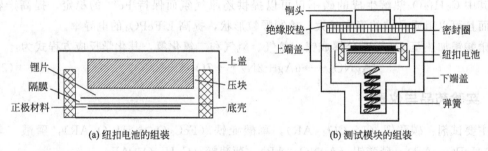

图 23-1 扣式电池测试模块结构示意图

（a）纽扣电池的组装　　（b）测试模块的组装

4. 电化学性能的测试

（1）充放电测试

正极材料的充放电性能测试在 Land 电池测试系统上进行。采用恒流充放电制度，充放电电压区间为 2.5~4.2V，恒流过程前均设置 1min 静置。具体程序为：①1min 静置；②恒电流充电至 4.2V；③恒电压 4.2V 充电，结束条件为电流小于 0.005mA；④静置 1min；⑤恒电流放电至 2.5V 结束。倍率容量 1C＝170mA·h/g。

（2）循环伏安测试

电压范围为 2.5~4.2V，扫描速度为 0.1mV/s、0.2mV/s、0.5mV/s 和 1.0mV/s，测

试温度为室温。

（3）交流阻抗测试

频率设置范围为 0.01Hz～100kHz，交流振幅为 5mV，测试温度为室温。

5. 正极材料的表征

① XRD 分析。

② Ag 的添加对粒度大影响。

③ EDS 测试。

④ Ag 的添加对电化学性能的影响。

五、 实验记录与结果分析

① 通过 XRD 对产品进行物相分析。

② 通过 SEM 对产品的颗粒大小和形貌进行分析。

③ 通过 TEM 对产品的表面结构进行分析。

④ 通过 X 射线电子能谱对产品颗粒表面元素分布进行分析。

⑤ 通过充放电测试对产品的比容量进行测试。

⑥ 通过循环伏安计算产品的表观锂离子扩散系数。

由于扫描速率的平方根与峰电流之间存在线性关系，符合一元一次函数关系。因此，可以通过下面的公式计算材料的表观锂离子扩散系数[27]。

$$i_{pc} = 0.4463(nF)^{3/2}(RT)^{-1/2}C_{Li^+}v^{1/2}AD_{Li^+}^{apparent1/2} \qquad (23-4)$$

式中，i_{pc} 为循环伏安曲线峰电流，A；n 为电荷转移个数，$n=1$；F 为法拉第常数，96485.33C/mol；R 为理想气体常数，8.314J/mol·K；T 为实验温度，298.15K；C_{Li^+} 为本体离子浓度，0.0228mol/cm³；v 为电位扫描速率，V/s；A 为电极的有效面积，cm²；$D_{Li^+}^{apparent}$ 为表观锂离子扩散系数，cm²/s。

⑦ 采用交流阻抗测试产品的电荷转移阻抗。

交流阻抗谱图是由处于高频区的半圆［由于电荷在电解质与电极界面处的转移而引起的电荷转移阻抗（R_{ct}），半圆的直径越小说明电荷转移阻值越小］和处于低频区的斜线（电解液中锂离子向电极扩散的 Warburg 阻抗）组成的。

⑧ 实验结论：_____

_____

_____

六、 思考题

1. 了解循环伏安法的工作原理。

2. 除了 Ag 包覆 LiFePO₄ 以外，试列举其他可以用于包覆的材料。

参考文献

[1] Padhi A K, Najundaswamy K S, Goodenough J B. Phospho-olivines as positive-electrode materials for rechargeable lithium batteries [J]. Journal of the Electrochemical Society, 1997, 144 (4): 1188-1194.

[2] Jae-Kwang Kim, Gouri Cheruvally, Jae-Won Choi, et al. Effect of mechanical activation process parameters on the properties of LiFePO₄ cathode material [J]. Journal of Power Sources 2007, 166 (1): 211-218.

［3］ Arnold G，Garche J，Hemmer R，et al. Fine-particle lithium iron phosphate LiFePO₄ synthesized by a new low-cost aqueous precipitation technique ［J］. Journal of Power Sources 2003，119/121：247-251.

［4］ Takahashi M，Ohtsuka H，Akuto K，et al. Confirmation of Long-Term Cyclability and High Thermal Stability of LiFePO₄ in Prismatic Lithium-Ion Cells ［J］. Journal of the Electrochemical Society，2005，152（5）：A899-A904.

［5］ 黄学杰. 发展车用锂离子电池需加强关键材料研发 ［J］. 新材料产业，2010（3）：18-21.

［6］ Ritchie A，Howard W. Recent developments and likely advances in lithium-ion batteries ［J］. Journal of Power Sources，2006，162（2）：809-812.

［7］ Tarascon J M，Armand M. Issues and challenges facing rechargeable lithium batteries ［J］. Nature，2001，414：359-367.

［8］ Scrosat B，Garche J. Lithium batteries：Status，prospects and future ［J］. Journal of Power Sources，2010，195（9）：2419-2430.

［9］ Zhang Yancheng，Wang Chao-Yang，Tang Xidong. Cycling degradation of an automotive LiFePO₄ lithium-ion battery. Journal of Power Sources 2011，196：1513-1520.

［10］ Li By Hong，Wang Zhaoxiang，Chen Liquan，et al. Research on Advanced Materials for Li-ion Batteries. Adv. Mater. 2009，21：1-15.

［11］ Prosini P P，Lisi M，Scaccia S，et al. J. Electrochem. Soc. 2002，149：A297-A301.

［12］ Ellis B，Perry L K，Ryan D H，et al. Small polaron hopping in LixFePO₄ solid solutions：coupled lithium-ion and electron mobility，J Am Chem Soc，2006，128：11416-11422.

［13］ Liao Xiao-Zhen，Ma Zi-Feng，Gong Qiang，et al. Low-temperature performance of LiFePO₄/C cathode in a quaternary carbonate-based electrolyte ［J］. Electrochemistry Communications，2008，10（5）：691-694.

［14］ Chen Zhaohui，Dahn J R. Reducing Carbon in LiFePO₄/C Composite Electrodes to Maximize Specific Energy，Volumetric Energy，and Tap Density ［J］. Journal of the Electrochemical Society，2002，149（9）：A1184-A1189.

［15］ Palomares V，Goni A，I Gil de Muro，et al. Influence of Carbon Content on LiFePO₄/C Samples Synthesized by Freeze-Drying Process ［J］. Journal of the Electrochemical Society，2009，156(10)：A817-A821.

［16］ Sung Woo Oh，Hyun Joo Bang，Seung-Taek Myung，et al. The Effect of Morphological Properties on the Electrochemical Behavior of High Tap Density C-LiFePO₄ Prepared via Coprecipitation ［J］. Journal of the Electrochemical Society，2008，155（6）：A414-420.

［17］ Ravet N，Chouinard Y，Magnan J F，et al. Electroactivity of natural and synthetic triphylite ［J］. J Power Sources，2001，97-98：503-507.

［18］ Chen Z，Dahn J R. Reducing carbon in LiFePO₄/C composite electrodes tomaximize specific energy，volumetric energy，and tap density ［J］. J Electrochem Soc，2002，149（9）：A1184-A1189.

［19］ Yun N J，Ha H W，Jeong K H，et al. Synthesis and electrochemical properties of olivine-type LiFePO₄/C composite cathode material prepared from a poly(vinyl alcohol)-containing precursor ［J］. J Power Sources，2006，160（2）：1361-1368.

［20］ Shin H C，Cho W I，Jang H. Electrochemical properties of carbon-coated LiFePO₄ cathode using graphite，carbon black and acetylene black ［J］. Electrochimica Acta，2006，52（4）：1472-1476.

［21］ Lin Y，Gao M X，Zhou D，et al. Effects of carbon coating and iron phosphides on the electrochemical properties of LiFePO₄/C ［J］. J Power Sources，2008，184（2）：444-448.

［22］ Chung S Y，Bloking J T，Chiang Y M. Electronically conductive phospho-olivines as lithium storage electrodes ［J］. Nature Mater，2002，2：123-128.

［23］ Shin H C，S Parka B，Janga H，et al. Rate performance and structural change of Cr-doped LiFePO₄/C during cycling ［J］. Electrochimica Acta，2008，53（27）：7946-7951.

［24］ Lu Y，Shi J C，Guo Z P，et al. Synthesis of LiFe₁₋ₓNiₓPO₄/C composites and their electrochemical performance ［J］. J. Power Sources，2009，194（2）：786-793.

［25］ Delacourt C，Wurm C，Laffont L，et al. Electrochemical and electrical properties of Nb-and/or C-containing

LiFePO₄ composites [J] . Solid State Ionics，2006，177（3-4）：333-341.

[26] Croce F，D'Epifanio A，Hassoun J，et al. A novel concept for the synthesis of an improved LiFePO₄ lithium battery cathode [J] . Electrochem Solid-State Lett，2002，5（3）：A47-A50.

[27] Liu Y，Mi C，Yuan C，et al. Improvement of electrochemical and thermal stability of LiFePO₄ cathode modified by CeO₂ [J] . Journal of Electroanalytical Chemistry2009，628（1-2）：73-80.

实验 24　二氧化钛微晶的低温制备

20 世纪 90 年代以来，纳米 TiO_2 在水和气相有机、无机污染物的光催化去除方面取得了较大的进展，被认为是一种极具前途的环境污染净化技术，国内外均有大量的研究报道[1]。其中已有一些工业规模生产的纳米 TiO_2 催化剂，例如，德国迪高沙（Degussa）公司出品的著名品牌 P25 二氧化钛。

传统的纳米 TiO_2 的制备一般是通过水解、溶胶凝胶等方法先生成无定形的 TiO_2 粉末，然后再通过高温（600～800℃）煅烧获得金红石或锐钛矿型的二氧化钛颗粒[2~6]。本实验采用在低温（85℃）的条件下制备 TiO_2 微晶。

一、　实验目的

1. 了解 TiO_2 微晶的制备过程。
2. 学习超细粉体的分析与表征方法。

二、　实验原理

很多钛化合物都含有—Ti—O—Ti—链，如果用高浓度的硝酸溶解钛化合物，会在下部形成高浓度的酸性溶液，有利于钛氧八面体的形成，从而导致钛氧八面体之间可通过棱相连的方式形成金红石型晶核，然后逐渐长大形成纳米晶。如果局部的酸浓度下降，OH^- 浓度增加，钛氧链配位羟基会增多，会使得钛氧链之间容易形成网状结构，这些网状结构可通过棱相连的形式形成锐钛型晶核，晶核最终长大形成纳米晶[7~11]。

三、　实验药品及仪器

主要试剂：钛酸四丁酯（$C_{16}H_{36}O_4Ti$，AR），无水乙醇（C_2H_5OH，AR），硝酸（HNO_3，AR）；氨水（$NH_3 \cdot H_2O$，AR）。

主要仪器：烧杯若干，量筒若干，三口烧瓶，回流冷凝管，抽滤装置，循环水真空泵，滴管，分析天平，磁力搅拌器，烘箱，X 射线衍射仪，扫描电子显微镜。

四、　实验步骤

1. TiO_2 粉末的制备

强磁力搅拌条件下将 21.25mL 钛酸丁酯缓慢滴入 21.25mL 无水乙醇中，配置成 1：1 的溶液，然后缓慢加入 25mL 氨水，形成均匀沉淀。将沉淀物进行多次抽滤洗涤之后转移至三口烧瓶中，加入蒸馏水至 150mL，然后加入 50mL 的浓 HNO_3；在 85℃下加热回流 2h。反应结束，将三口烧瓶中的固体冷却、过滤、洗涤干燥后得到 TiO_2 粉末[12~14]。

2. X 射线衍射分析

采用 X 射线衍射仪对 TiO_2 粉末进行衍射分析获得衍射图谱。

3. 扫描电子显微镜分析

采用扫描电子显微镜的二次电子成像模式获得 TiO_2 粉末的电子显微照片。

五、 实验记录与结果分析

① 物相分析：根据 X 射线衍射图谱，采用 Jade5.0 软件和 PDF 数据库进行物相、结构、晶粒大小分析。

② 扫描电子显微镜分析：根据扫描电子显微镜获得的显微镜照片观察 TiO_2 粉末的微观结构、颗粒形貌、粒度。

③ 实验结论：____

____

____

六、 思考题

1. 低温下二氧化钛微晶的形成原理是什么？

2. 此法制备的微晶与高温煅烧获得的二氧化钛晶体有何差异？

参考文献

[1] 赵文宽，牛晓宇，贺飞等．TiO_2/SiO_2的制备及其对染料 X3B 溶液降解的光催化活性［J］．催化学报，2001，22（2）：171-174.

[2] Asahi R，Morikawa T，Ohwaki T，et al. Visible-Light Photo catalysis in Nitrogen-Doped Titanium Oxides［J］. Science，2001，293（13）：269-273.

[3] Xie Y B，Yuan C W，Li X Z. Photocatalytic degradation of X23B dye by visible light using lanthanide ion modified titanium dioxide hydrosol system［J］. Colloid Surface A，2005，252（1）：87-94.

[4] Amy L Linsebigler，Guangquan Lu，John T Yates. Photocatalysis on TiO_2 Surfaces：Principles，Mechanisms，and Selected Results［J］. Chemical Reviews，1995，5（3）：735-758.

[5] Mills A，Lepre A，Elliott，et al. Characterization of the photo catalysis Pilkington Activity：A reference film photo catalyst［J］. Journal of Photochemistry and Photobiology A：Chemistry，2007，160（3）：213-224.

[6] Baskaran S，Song L，Liu J，et al. Titanium oxide thin films on organic interfaces through biomimetic processing［J］. Journal of America Cream Society，1998，81（2）：401-408.

[7] 龙震，黄喜明，钟家柽等．纳米金红石型二氧化钛的低温制备与表征［J］．功能材料，2004，35（3）：311-313.

[8] 周忠诚，阮建明，邹俭鹏等．四氯化钛低温水解直接制备金红石型纳米二氧化钛［J］．稀有金属，2006，30（5）：653-656.

[9] Chen X，Gu G，Liu H，et al. Synthesis of nanocrystalline TiO_2 particles by hydrolysis of titanyl organic compounds at low temperature［J］. J American Ceramic Society，2004，87（6）：1035-1039.

[10] Vayssieres L，Hagfeldt A，Lindquist S E. Purpose built metal oxide nanomaterials：The emergence of a new generation of smart materials［J］. Pure and Appl. Chem.，2000，72（1/2）：47-52.

[11] 申泮文，连云霞．无机化学丛书第八卷［M］．北京：科学出版社，1988.

[12] 马丽阳，董发勤，宋绵新等． La、Y 掺杂金红石相 TiO_2光催化活性研究［J］．功能材料，2010，41（5）：755-758.

[13] 王晖，吕德义，郇昌永等．金红石型纳米 TiO_2的制备［J］．化学通报（网络版），2004，67：1-8.

[14] 曲长红，付乌有，杨海滨．金红石型纳米 TiO_2颗粒的制备及其光催化性质［J］．吉林大学学报（理学版），2009，47（4）：811-814.

实验 25　二氧化钛的热处理及相变分析

纳米二氧化钛在光催化、光化学、光电化学、太阳能电池等领域具有广泛的应用前景[1,2]。

本实验以实验所制备的 TiO_2 微晶为原料，通过在不同温度下对 TiO_2 微晶进行热处理，分析在不同温度下 TiO_2 的结构及相变特点。

一、　实验目的

1. 了解 TiO_2 的高温相变行为。
2. 学习高温煅烧的实验方法
3. 熟悉无机材料的结构分析方法。

二、　实验原理

在自然界中二氧化钛有三种同质多象变体：金红石（四方相）、锐钛矿（四方相）、板钛矿（正交相）[3]。在三个相中，金红石是高温最稳定相，其次是板钛矿结构和锐钛矿结构。在不同的温度下二氧化钛的晶体结构会发生转变，如锐钛矿二氧化钛在一定温度下会发生相变，晶体结构可向板钛矿、金红石二氧化钛转变。

三、　实验药品及仪器

主要试剂：TiO_2 微晶粉体（自制）。

主要仪器：陶瓷坩埚若干，电子天平，箱式高温炉，X 射线衍射仪，扫描电子显微镜。

四、　实验步骤

1. TiO_2 的热处理

称取 1.0g 实验水热法所制备的 TiO_2 微晶置于陶瓷坩埚中，并放置在箱式电炉中，分别于 400℃、500℃、600℃、700℃、800℃温度、煅烧 1h，之后于炉内自然冷却至室温，取出样品。

2. X 射线衍射数据分析

采用 X 射线衍射仪在 2θ 为 5°～70°范围内进行衍射扫描，获得样品的衍射数据。

3. 扫描电子显微镜

采用扫描电子显微镜的二次电子成像方式对不同温度条件下热处理的 TiO_2 进行测试，通过二次电子像获得不同结构的 TiO_2 的电子显微照片。

五、　实验记录与结果分析

① X 射线衍射数据分析：根据 X 射线衍射仪获得 400℃、500℃、600℃、700℃、

800℃温度条件下热处理之后的二氧化钛的 X 射线衍射图，采用 Jade5.0 软件和 PDF 数据库进行物相、结构分析，总结二氧化钛的相变过程。

　　② 扫描电子显微镜数据分析：根据扫描电子显微镜获得 400℃、500℃、600℃、700℃、800℃温度条件下热处理之后的二氧化钛的显微照片分析不同结构的二氧化钛的形貌差异。

　　③ 实验结论：_____
_____
_____

六、　思考题

1. 不同温度下二氧化钛的相变过程及机理是什么？
2. 高温对固体结构的影响有哪些？

参考文献

[1]　朱克荣，陈强，邓昱. 低温拉曼光谱研究二氧化钛纳米晶的相变 [J]. 光散射学报，2008，20 (4)：329-332.
[2]　任成军，钟本和. 煅烧过程中二氧化钛微结构参数的变化和相变 [J]. 硅酸盐学报，2005，33 (1)：73-76.
[3]　潘兆橹. 结晶学及矿物学 [M]. 北京：北京大学出版社，1994.

实验26　粉石英初步提纯制备 SiO₂ 粉体

粉石英是自然界中广泛存在的一种天然矿物，具有优良的物理化学性质，和传统的石英晶体相比，其纯度、粒度、可加工性等方面具有一定的优势，可用于制备超细二氧化硅微粉或无定形二氧化硅，可在橡胶、电子材料、化纤材料、陶瓷和耐火材料、塑料、复合材料以及医药、农药、精细化工等领域中应用，具有广阔的市场前景[1~6]。

本实验选用地球上储量丰富的粉石英矿为原料进行提纯，制备高纯二氧化硅粉体。

一、实验目的

1. 了解一般矿物的物理提纯方法。
2. 了解材料的化学成分测试方法。

二、实验原理

酸浸是化学选矿中较常用的浸出方法之一。酸溶剂可选择性地溶解固体中的某种组分，使该组分进入溶液中而达到与固体中其他组分相分离。常用的酸浸剂包括稀硫酸、浓硫酸、盐酸、硝酸、王水、氢氟酸、亚硫酸等。其中硫酸应用得最广，稀硫酸可处理含大量还原性组分（如有机质、硫化物、氧化亚铁等）的矿物原料。盐酸的反应能力比硫酸强，可浸出某些硫酸无法浸出的含氧酸盐矿物，但盐酸的价格较高，易挥发，设备的防腐蚀要求比硫酸高。硝酸为强氧化酸，价格较高，设备防腐蚀要求较高，一般不单独用作浸出剂。亚硫酸具有还原性，常用于浸出含氧化性组分的物料，浸出选择性较高。王水主要用于浸出贵金属，使铂、钯、金转入浸出液中[7]。

粉石英的 SiO₂ 含量较高，一般可达 95％以上，但是通常会含有 Ca、Al、Fe 等杂质，影响粉石英的应用。本实验采用简单的酸浸方式，以盐酸和草酸为浸出剂，对粉石英进行酸浸提纯，制备高纯石英粉。

三、实验药品及仪器

主要试剂：粉石英取自贵州，盐酸［HCl（36％），AR］，草酸（H₂C₂O₄，AR）。

主要仪器：烧杯若干，量筒若干，玛瑙研钵，抽滤装置，循环水真空泵，分析天平，磁力搅拌器，烘箱，X 射线衍射仪，白度仪，扫描电子显微镜，X 射线荧光光谱仪。

四、实验步骤

1. 粉石英的预处理

取粉石英矿原矿用玛瑙研钵磨碎，用蒸馏水清洗，100℃完全干燥后研磨制得初始原料。

76

2. 粉石英的酸浸提纯

称取 4g 粉石英放入锥形瓶中，分别加入 20mL 盐酸（5％、10％、15％、20％）、草酸（5％、10％、15％、20％）；置于振荡摇床中，50℃条件下反应 2h，所得样品离心分离后，粉体用蒸馏水洗涤 5 次后干燥，研磨后收集。

3. X 射线荧光光谱仪分析

采用 X 射线荧光光谱仪测试对提纯前后的粉石英进行测试。

4. 提纯前后粉石英的 X 射线衍射分析

采用 X 射线衍射仪对提纯前后的粉石英进行衍射分析，获得提纯前后粉石英的 X 射线衍射图。

5. 提纯前后粉石英的白度变化

采用白度仪测试提纯前后粉石英的白度。

五、 实验记录与结果分析

① X 射线荧光光谱数据分析：采用 X 射线荧光光谱仪测试结果，分析粉石英、不同条件下酸浸处理之后的粉石英的化学成分。

② X 射线衍射图谱分析：根据 X 射线衍射仪获得的 X 射线衍射图，用 Jade5.0 软件和 PDF 数据库进行物相分析，比较粉石英、不同条件下酸浸处理之后的粉石英物相。

③ 白度分析：根据白度仪的测试结果，对粉石英、不同条件下酸浸处理之后的粉石英的白度进行对比。

④ 实验结论：_____

_____

_____

六、 思考题

为什么不同纯度的粉石英白度存在差异？

参考文献

[1] 余志伟. 一种新型工业矿物原料——粉石英 [J]. 中国非金属矿工业导刊，1999，(1)：25-27.

[2] 余志伟. 粉石英的特性与应用 [J]. 非金属矿，1999，22 (4)：14-16.

[3] 吴萍华. 粉石英超细研磨及其影响因素分析 [J]. 非金属矿，2001，24 (6)：43-44.

[4] 陈泉水，徐红梅. 宜春低品位粉石英化学漂白工艺研究 [J]. 非金属矿，2001，24 (6)：41-42.

[5] 邓慧宇，陈庆春，余志伟. 粉石英的深加工及其利用研究 [J]. 化工矿物与加工，2004，33 (11)：20-22.

[6] 黄兵. 高纯粉石英微粉在耐火材料中的应用 [J]. 四川冶金，2003，25 (2)：12-13.

[7] 宁平. 固体废物处理及处置 [M]. 北京：高等教育出版社，2005.

实验27　化学镀法电气石表面包覆金属镍

化学镀是利用还原剂使溶液中的金属离子有选择地在基体的表面还原，获得析出金属镀层的一种材料表面处理技术。这种方法可将金属施镀于导体和非导体材料表面，达到改善材料性能的目的，如在金属或非金属表面镀某些金属薄膜，改善基体的磁学、电学、热学、耐腐蚀等性能。与其他方法相比化学镀形成的镀层均匀，同时化学镀不需外加电源，而且能在塑料、陶瓷等非金属表面沉积；并具有优良的包覆性，高附着力、优良的抗腐蚀和耐磨性能。常见的化学镀有置换沉积、接触沉积和还原沉积等方式。常见表面施镀金属包括 Cu、Co、Ag、Sn 以及多种金属复合施镀[1~6]。

一、　实验目的

1. 熟悉化学镀的原理及流程。
2. 了解材料表面分析的方法。

二、　实验原理

化学镀不依赖外加电流，仅靠镀液中的还原剂进行氧化还原反应，在金属表面的催化作用下使金属离子不断沉积于金属表面。化学镀过程中，还原金属离子所需的电子由还原剂 R^{n+} 供给。

本实验采用水合肼作为还原剂，使溶液中的镍金属粒子有选择地在经碳纤维表面上还原析出形成金属镍镀层。

三、　实验药品及仪器

主要试剂：电气石粉末，硫酸镍（$NiSO_4$，AR），氢氧化钠（NaOH，AR），水合肼（$N_2H_4 \cdot H_2O$，AR），盐酸（HCl，AR）。

主要仪器：烧杯若干，量筒若干，抽滤装置，真空泵，分析天平，磁力搅拌器，烘箱，X 射线衍射仪，扫描电子显微镜。

四、　实验步骤[7, 8]

1. 电气石的粗化处理（5g/100mL）

① 将 HCl 与蒸馏水按体积比 1：1 配制成 100mL 粗化液。

② 磁力搅拌条件下将 5g 电气石浸入粗化液处理 2h 之后，用抽滤水洗至中性，再用乙醇洗涤 3 遍；在烘箱中干燥之后备用。

2. 电气石的活化敏化

（1）活化敏化液的配制

① 将 0.25g 氯化钯加入 30mL 浓盐酸中搅拌溶解，再加入去离子水至 50mL，得到溶

78

液1。

② 将80g氯化钠溶于250mL去离子水中，得到溶液2。

③ 将溶液1与溶液2混合搅拌均匀，得到溶液3。

④ 将15g氯化亚锡溶于150mL去离子水中得溶液4。

⑤ 搅拌条件下，将溶液4加入溶液3得到溶液5。

⑥ 最后加入去离子水至500mL，容量瓶定容即得到活化液。

（2）敏化、活化处理过程（5g/100mL）

① 室温下，将粗化过的电气石5g加入100mL活化液中。

② 在超声波作用下反应20min，之后静置。

③ 至粉体沉降后，取出敏化、活化液，用去离子水清洗3次。

3. 包覆过程

（1）溶液配制

① NaOH溶液配制　4mol/L NaOH水溶液备用。

② 硫酸镍溶液配制　浓度为60g/L，称取定量硫酸镍，加入适量的蒸馏水，搅拌10min，使硫酸镍完全溶解，形成硫酸镍溶液，此时溶液颜色为蓝色。

③ 水合肼溶液的配制　量取一定体积的水合肼（$N_2H_4 \cdot H_2O$：硫酸镍＝7：1，物质的量之比）溶于其4倍体积的蒸馏水中。

（2）化学镀镍过程

① 量取100mL硫酸镍溶液，加入1g粗化后的电气石，配成10g/L的悬浊液，然后快速磁力搅拌2h，使电气石粉末均匀分散在硫酸镍溶液中，配成悬浊液。

② 将准备好的电气石/硫酸镍悬浊液移入70℃水浴中加热，NaOH调节pH值至11。

③ 将配制好的水合肼溶液缓慢滴入上述悬浊液中进行反应，反应时间1h，同时伴随强力搅拌；反应过程中滴加适量NaOH调节pH值，使其在11附近保持稳定。

④ 将步骤3中得到的反应产物离心分离，然后用蒸馏水清洗3遍，无水乙醇清洗3遍。最后在60℃的烘箱中烘干，即得产品。

4. X射线衍射分析

采用X射线衍射仪对包覆前后的样品进行衍射数据收集，获得样品的X射线衍射图谱。

5. 扫描电子显微镜分析

采用扫描电子显微镜二次电子成像对包覆前后的样品进行测试，获得样品的二次电子像。

6. 能量色散谱仪分析

分别采用扫描电子显微镜附带的能量色散谱仪的点扫描、线扫描、面扫描方式对碳纤维表面的包覆层进行表面成分的测试，获得样品表面的成分分布图。

五、 实验记录与结果分析

① X射线衍射数据分析：根据X射线衍射图谱，采用Jade5.0软件和PDF数据库进行物相分析，确定包覆之后产品中是否有金属镍生成。

② 电子显微镜照片分析：根据样品的电子显微照片，对包覆前后的样品的表面形貌进行分析，观察碳纤维表面形貌，以及表面镍镀层的包覆情况。

③ 表面成分分析：根据能量色散谱仪的点扫描、线扫描、面扫描分析图，分析包覆前

后碳纤维的表面成分变化。

④ 实验结论：_____

_____

_____

六、 思考题

1. 化学镀的原理是什么？
2. 化学镀与电镀的区别是什么？

参考文献

[1] 陈步明，郭忠诚．化学镀研究现状及发展趋势 [J]．电镀与精饰，2011，33 (11)：11-15.

[2] 陈曙光，刘君武，丁厚福．化学镀的研究现状、应用及展望 [J]．热加工工艺，2000，8 (2)：43-45.

[3] 贾韦，宜天鹏．化学镀镍在微电子领域的应用及发展前景 [J]．稀有金属快报，2007，26 (3)：1-6.

[4] 王尚军．化学镀法制备镍包覆纳米氧化铝的研究 [D]．浙江大学硕士学位论文，2001.

[5] 程风云，郭鹤桐，泰学等．化学镀钴 $Ni(OH)_2$ 电极的电化学行为 [J]．电池，2001，31 (5)：222-223.

[6] 李宁．化学镀实用技术 [M]．北京：化学工业出版社，2004.

[7] 陈昕，潘功配，赵军等．镍包覆竹纤维作为毫米波干扰材料的性能 [J]．解放军理工大学学报，2010，11 (6)：664-667.

[8] 刘忠芳．镍包覆氮化硅粉体的制备工艺研究 [D]．中国海洋大学硕士学位论文，2008.

实验28 铜离子真空浸渍包覆电气石粉体的物相及表面分析

目前普遍使用的抗菌剂大多为无机抗菌剂。无机抗菌剂具有安全、耐高温、耐久、持续等特点。无机抗菌剂可通过各种加工方法，与不同的基体进行混合制成纤维、塑料、涂料、陶瓷等。目前无机抗菌材料主要采用金属类（银、铜、锌）作为抗菌组分进行杀菌，载体一般采用磷酸盐载体（磷酸锆和磷酸钙）、硅酸盐载体（沸石、黏土、硅胶、二氧化硅）、玻璃、活性炭等[1~4]。

电气石是一种由 Al、Na、Ca、Fe、Mg、Li 等元素构成的含水和硼的复杂环状硅酸盐矿物，电气石可作为无机抗菌材料的载体，如云南大学的赵雪君等在 800℃高温条件下将 Ag 负载于电气石制备了电气石载银抗菌剂[5]。黄凤平等人将电气石、氧化钛、银负载于中空碳纤维，获得了具有抵抗水浸泡性能的抗菌材料[6]。

因此本实验以天然电气石为基体，通过真空浸渍法制备银包覆电气石抗菌粉体。

一、 实验目的

1. 掌握粉体的表面成分分析方法。
2. 了解粉体表面负载的内容。

二、 实验原理

由于电气石结构中六元环的硅氧四面体顶角指向同一方向，使得电气石具有异极对称结构，可产生自发极化，从而在电气石表面存在电荷，可有效吸附固定金属离子[7~9]。使用过程中，电气石表面负载的铜离子可缓慢释放出来，从而与微生物相互作用，达到抑制细菌生长的作用。

三、 实验药品及仪器

主要试剂：电气石，硝酸铜 [$Cu(NO_3)_2$，AR]。

主要仪器：研钵，量筒，蒸发皿若干，分析天平，真空干燥箱，X 射线衍射仪，扫描电子显微镜。

四、 实验步骤

1. 抗菌粉体的制备

称取 4.0g 电气石粉末于研钵中，再按所需配比量取 2.0% 三水硝酸铜溶于 10mL 蒸馏水中，然后倾倒于研钵中，研磨混合均匀；将混合浆体转移至蒸发皿中，将其放入 80℃的烘箱中烘干，取出之后进行二次研磨，使之充分混合；然后装入坩埚，放入真空干燥箱中，200℃温度下恒温 2h，冷却后取出，研磨，即得产品。

2. X 射线衍射分析

采用 X 射线衍射仪收集改性前后电气石的衍射数据，获得样品的 X 射线衍射图谱。

3. 扫描电子显微镜分析

采用扫描电子显微镜的二次电子成像方式，获得包覆前后粉体的电子显微照片。

4. 能量色散谱仪分析

分别采用扫描电子显微镜附带的能量色散谱仪的点扫描、线扫描、面扫描方式对样品进行表面成分的测试，获得样品表面的成分分布图。

五、 实验记录与结果分析

① X 射线衍射图分析：根据 X 射线衍射图谱，采用 Jade5.0 软件和 PDF 数据库进行物相、结构分析，比较改性前后电气石的物相、晶胞参数的变化。

② 电子显微镜照片分析：根据扫描电子显微镜获得的显微镜照片观察包覆前后电气石表面的形貌差异。

③ 表面成分分析：根据能量色散谱仪的点扫描、线扫描、面扫描分析图，分析包覆前后电气石表面成分的变化。

④ 实验结论：＿＿＿＿＿＿＿＿＿＿＿＿＿＿＿＿＿＿＿＿＿＿＿＿＿＿＿＿＿＿＿＿＿＿＿

＿＿

＿＿

六、 思考题

1. 金属离子抗菌材料的抗菌原理是什么？

2. 简述扫描电子显微镜在材料表面成分分析中的应用。

参考文献

［1］ 王静，水中和，冀志江等.银系无机抗菌材料研究进展［J］.材料导报，2013，27（9）59-63.

［2］ 陈娜丽，冯辉霞，王毅等.纳米载银无机抗菌剂的研究进展［J］.应用化工，2009，38（5）：717-720.

［3］ 韩秀秀，何文，田修营等.银系无机抗菌材料抗菌机理及应用［J］.山东轻工业学院学报，2010，24（1）：25-27.

［4］ Kamisoğlu K, Aksoy E A, Akata B, et al. Preparation and characterization of antibacterial zeolite-polyurethane composites［J］. Journal of Applied Polymer Science, 2008, 5: 2854-2861.

［5］ Zhu Dongbin, Liang Jinsheng, Ding Yan, et al. Effect of Heat Treatment on Far Infrared Emission Properties of Tourmaline Powders Modified With a Rare Earth［J］. Journal of the American Ceramic Society, 2008, 91（8）: 2588-2592.

［6］ 赵雪君，吴兴惠.天然电气石载银抗菌剂的研究［J］.云南大学学报（自然科学版），2006，28（S1）：281-285.

［7］ 黄凤萍，李贺军，李克智等.电气石/无机抗菌剂复合型中空活性碳纤维研究.非金属矿，2006，29（4）：22-24.

［8］ 林善园，蔡克勤.电气石族矿物学研究的新进展［J］.中国非金属矿工业导刊，2004，7（6）：21-24.

［9］ 卢宗柳.我国电气石资源潜力分析及综合开发利用研究［D］.中南大学博士学位论文，2009.

实验29　十八烷基三甲基氯化铵改性有机膨润土的制备

膨润土又名膨土岩、斑脱石、甘土、皂土、陶土、白泥，俗名观音土，是一种以蒙脱石为主要成分的黏土矿物。膨润土具有较好的触变性、悬浮性、黏结性、吸附性、润滑性，目前已经广泛应用于机械铸造、石油钻探、日化、塑料、造纸、橡胶、纺织、建筑、脱色等行业[1~5]。

有机膨润土具有良好的胶体分散性、触变性、黏结性、增稠性，可在油漆、油墨、高温润滑脂、化妆品等领域作为增稠剂使用，也可用于石油钻井液、铸造涂料、密封腻子等行业，具有较大的市场应用前景。

一、　实验目的

1. 了解层间交换、层间柱撑等物理化学方法的原理。
2. 学习改性物质的分析与表征方法。

二、　实验原理

膨润土中蒙脱石的结构单元由两个 Si—O 四面体层夹一个 Al—O(OH) 八面体层组成，四面体中的 Si 被 Al 取代，八面体中的 Al 被 Na、Mg、Ca 取代，造成层间正电荷亏损，通过吸附阳离子维持电荷平衡，但是阳离子和结构单元层之间的作用力较弱，膨润土的改性就是利用层间离子的可交换性，将有机阳离子或有机化合物取代蒙脱石层间可交换的阳离子或吸附水，使其生成膨润土有机复合物，改善膨润土的性能[6,7]。

三、　实验药品及仪器

主要试剂：蒙脱石，十八烷基三甲基氯化铵 （$C_{21}H_{46}NCl$，AR），氨水 （$NH_3 \cdot H_2O$，AR），氯化镁 （$MgCl_2 \cdot 6H_2O$，AR）。

主要仪器：烧杯若干，量筒若干，抽滤装置，真空泵，分析天平，磁力搅拌器，烘箱，X 射线衍射仪，红外吸收光谱仪，比表面积测试仪。

四、　实验步骤

1. 蒙脱石的柱撑改性
① 取 5g 蒙脱石原料和 100g 去离子水混合，搅拌 30min。
② 加入 4mmol 的十八烷基三甲基氯化铵，于 80℃条件下恒温搅拌 2h。
③ 抽滤，先用无水乙醇清洗 3 次，再用去离子水反复洗涤 3~4 次，
④ 将洗净的样品在 110℃条件下干燥 24h，得到样品。
2. X 射线衍射分析
采用 X 射线衍射仪对改性前后的样品进行衍射分析，获得改性前后蒙脱石的 X 射线衍

射图谱。

3. 红外吸收光谱分析

采用红外吸收光谱仪在 $400\sim4000cm^{-1}$ 范围内对改性前后的蒙脱石进行光谱扫描，获得样品的红外吸收光谱图。

4. 孔结构分析

采用比表面积测试仪获得改性前后蒙脱石的比表面积、N_2 等温吸附曲线、孔径分布等。

五、 实验记录与结果分析

① X 射线衍射数据分析：根据 X 射线衍射仪收集的衍射数据，采用 Jade5.0 软件和数据库进行物相分析，计算改性前后蒙脱石的晶面间距。比较改性前后蒙脱石的物相、晶面间距变化，判断改性是否成功。

② 红外吸收光谱分析：根据红外吸收光谱仪测试得到吸收光谱图，对各红外吸收峰的归属进行分析，比较改性前后样品的红外光谱图的差异。

③ 孔结构分析：根据比表面积测试仪获取改性前后蒙脱石的比表面积、N_2 等温吸附曲线、孔径分布等数据，判断改性前后的差异。

④ 实验结论： _____

_____

_____

六、 思考题

1. 有机物对层间化合物的柱撑原理是什么？
2. 物理改性、化学改性的红外吸收光谱图有何差异？
3. 改性前后层间距改变的原因是什么？

参考文献

[1] 张术根，谢志勇，申少华等．膨润土高层次开发利用研究新进展 [J]．中国非金属矿工业导刊，2002，5 (1)：17-20.
[2] 姜桂兰，张培萍．膨润土加工与应用 [M]．北京：化学工业出版社，2005.
[3] 易发成，戴淑霞，侯兰杰等．钙基膨润土钠化改型工艺及其产品应用现状 [J]．中国矿业，1997，6 (4)：65-67.
[4] 黄彦林，李英堂，吴彬．信阳上天梯膨润土矿工艺矿物学特征研究 [J]．岩石矿物学杂志，2000，19 (1)：88-95.
[5] 杨雅秀，张乃娴．中国黏土矿物 [M]．北京：地质出版社，1994.
[6] 叶玲，肖子敬．改性蒙脱石对有机废水的脱色性能研究 [J]．矿业快报，2002，22 (1)：19-19.
[7] 杨凤，刘堃．硅钛柱撑蒙脱石微孔材料的制备与表征 [J]．当代化工，2007，36 (1)：8-10.

实验 30　直接法制备高铁酸钾

K_2FeO_4 是一种具有光泽的深紫色的晶体粉末，水溶液为暗紫红色。K_2FeO_4 呈畸变扭曲的四面体结构，铁原子在四面体的正中心位置，四个等价的氧原子处在四面体的四个顶点上，每个高铁酸钾晶胞中含有四个高铁酸钾分子[1,2]。高铁酸钾是一种新型高效多功能绿色水处理剂，氧化性比高锰酸钾、臭氧和氯气等都要强。另外高铁酸钾在水中分解会产生 $Fe(OH)_3$，该产物具有显著的吸附和絮凝作用，因此高铁酸钾具有氧化、吸附、絮凝、助凝、杀菌、除臭等功能。高铁酸钾更为广泛的应用必将成为水处理剂的发展趋势[3]。

K_2FeO_4 在水处理中的高效性已经引起了人们的广泛关注。但是，由于高铁酸钾的制备过程较为复杂，工艺条件严格，产品产率较低，工业化生产还很难。目前，国内外对于制备高铁酸钾方法的研究主要有次氯酸盐氧化法、电解法以及过氧化物高温氧化法[4,5]。

一、 实验目的

1. 了解 K_2FeO_4 的性质。
2. 熟悉 K_2FeO_4 的制备及提纯方法。

二、 实验原理

目前制备高铁酸钾主要采用次氯酸盐氧化法，一般是通过次氯酸钠或者次氯酸钾与铁盐反应。但是由于次氯酸钠的含氯量低，需在制备过程中通入氯气至饱和[6]。

间接法制备高铁酸钾是目前制备高铁酸钾最成熟的方法。该方法的原理是依靠次氯酸根将铁盐氧化成 FeO_4^{2-}，生成 Na_2FeO_4，再加入一定量的 KOH，将高铁酸钾置换出来，在低温条件下重结晶，析出高铁酸钾晶体。由于该方法要经过 Na_2FeO_4 制备 K_2FeO_4，所以称为间接法，其反应方程式为：

$$3NaClO + 2Fe(NO_3)_3 + 10NaOH =\!=\!= 2Na_2FeO_4 + 3NaCl + 6NaNO_3 + 5H_2O \quad (30\text{-}1)$$
$$Na_2FeO_4 + 2KOH =\!=\!= K_2FeO_4 + 2NaOH \quad (30\text{-}2)$$

直接法制备高铁酸钾是使用次氯酸钾代替次氯酸钠，直接得到高铁酸钾产品。直接法简化了传统的高铁酸钾的制备工艺，但是生产成本较高[6]。

本实验首先以次氯酸钙与饱和氢氧化钾制备次氯酸钾，再以次氯酸钾为氧化剂将 Fe^{3+} 氧化成 Fe^{6+}，同时与硝酸钾反应生成高铁酸钾，所得高铁酸钾粗产品经过重结晶处理后获得纯度较高的高铁酸钾晶体[6]。

$$2KOH + Ca(ClO)_2 =\!=\!= Ca(OH)_2 + 2KClO \quad (30\text{-}3)$$
$$3KClO + 2Fe(NO_3)_3 + 10KOH =\!=\!= 2K_2FeO_4 + 3KCl + 6KNO_3 + 5H_2O \quad (30\text{-}4)$$

三、 实验药品及仪器

主要试剂：次氯酸钙 [$Ca(ClO)_2$，AR]，氢氧化钾（KOH，AR），九水硝酸铁

[Fe（NO₃)₃·9H₂O，AR]，正戊烷（C_5H_{12}，AR），甲醇（CH_3OH，AR），乙醚（$C_4H_{10}O$，AR），蒸馏水。

主要仪器：烧杯若干，砂芯漏斗，量筒若干，真空泵，分析天平，磁力搅拌器，真空干燥箱，烘箱，X射线衍射仪，扫描电子显微镜，紫外分光光度计。

四、实验步骤[7～11]

1. 高铁酸钾粗产品的制备

① 室温下，将冷却的100mL饱和氢氧化钾溶液缓慢加入到6.40g的次氯酸钙中，充分混合后搅拌反应10min，将反应所得残渣过滤掉得到溶液，逐次少量加入氢氧化钾固体至溶液中直至饱和，溶液移入烧杯中备用。

② 准确称取16.16g九水硝酸铁固体，置电炉上加热溶解成为溶液。

③ 加入10mL 1.25mmol/L的Na_2SiO_3溶液。

④ 缓慢向三颈烧瓶中滴加前一步准备好的九水硝酸铁溶液，在25℃条件下剧烈搅拌反应40min，析出晶体。

2. 高铁酸钾的纯化

① 将析出晶体的溶于40mL 5mol/L氢氧化钾溶液中，采用砂芯漏斗抽滤，0℃条件下滤液加入到60mL 12mol/L氢氧化钾溶液中，滤液搅拌5min，陈化30min，析出晶体，通过抽滤得到高铁酸钾晶体。

② 高铁酸钾晶体在超声分散条件下使用，用10mol/L氢氧化钾溶液、正戊烷洗涤3次，过滤后再于超声分散条件下使用甲醇、乙醚各洗涤3次。

3. 产物干燥

将高铁酸钾产物置于真空干燥箱中于70℃左右烘干得到产品，称重。

4. X射线衍射分析

采用X射线衍射仪收集样品的衍射数据，获得衍射图谱。

5. 扫描电子显微镜分析

采用扫描电子显微镜的二次电子成像方式，获得样品的电子显微照片。

6. 紫外可见吸收光谱分析

称取0.2g样品溶于100mL蒸馏水中，采用紫外可见分光光度计在200～800nm波长范围内进行光谱扫描，获得样品的紫外可见吸收光谱图。

五、实验记录与结果分析

① X射线衍射图分析：根据X射线衍射图谱，采用Jade5.0软件和数据库进行物相、结构分析。

② 电子显微镜照片分析：根据扫描电子显微镜获得的显微镜照片观察样品的形貌。

③ 紫外可见吸收光谱图分析：根据样品的紫外可见吸收光谱图，分析样品的吸收曲线的形状、最大吸收波长、吸收峰的数目等，并与高铁酸钾标准图谱进行比较。

④ 实验结论：_____

六、 思考题

1. 高铁酸钾重结晶的原理是什么？
2. 洗涤过程中正戊烷、甲醇、乙醚的作用各是什么？

参考文献

[1] Waite T D. Feasibility of waste water treatment with ferrate [J]. Journal of Environmental Engineering Division. 1979, 6 (11): 1023-1034.

[2] 冯长春，周志浩，蒋凤生等. 高铁酸钾的结构研究 [J]. 化学世界，1991，46 (3): 102-105.

[3] 纪琼驰. 高铁酸钾的制备及其在原水处理中的应用研究 [D]. 南京理工大学硕士学位论文，2012.

[4] 田宝珍，曲久辉. 化学氧化法制备高铁酸钾循环生产可能性的试验明 [J]. 环境化学，1999，18 (2): 173-177.

[5] Jiang J Q, Lloyd B, Grigore L. Preparation and Evaluation of Potassium Ferrate as an Oxidant and Coagulant for Potable Water Treatment [J]. Environmental Engineering Science，2001，18 (5): 323-328.

[6] 邓琳莉. 高铁酸钾制备新方法及对藻类废水的应用 [J]. 重庆大学硕士学位论文，2010.

[7] 罗志勇，张胜涛，郑泽根. 高纯度高铁酸钾的稳定合成 [J]. 重庆大学学报，2005，28 (5): 109-111.

[8] 顾国亮，杨文忠. 高铁酸钾的制备方法及应用 [J]. 工业水处理，2006，26 (3): 59-61.

[9] 董娟，汪永辉，吴小倩. 高铁酸钾水处理剂的制备及稳定性研究 [J]. 环境科学与管理，2006，31 (8): 136-140.

[10] 姜洪泉，金世洲，王鹏. 多功能水处理剂高铁酸钾的制备与应用 [J]. 工业水处理，2001，21 (2): 2-6.

[11] 郑怀礼，邓琳莉，吉方英等. 高铁酸钾制备新方法与光谱表征 [J]. 光谱学与光谱分析，2010，30 (10): 2646-2649.

实验 31 氧化硅陶瓷坯体凝胶注模成型 及 Zeta 电位测试

陶瓷材料因其独特的性能已广泛应用于电子、机械、国防等工业领域。但陶瓷材料烧结后难以进行机械加工，故人们一直在寻求复杂形状陶瓷元件的净尺寸成型方法，这已成为保证陶瓷元件质量和使所研制的材料获得实际应用的关键环节。

注凝成型是美国橡树岭国家重点实验室（Oak ridge national laboratory）于 20 世纪 90 年代发明的一种新颖的陶瓷胶态成型技术，即传统的陶瓷工艺与有机聚合物相结合，将高分子单体聚合的方法灵活地引入陶瓷成型工艺中，通过制备黏度低、固相含量高的陶瓷浆料来获得净尺寸成型、高强度、高密度、均匀性好的陶瓷坯体[1~4]。该工艺与其他陶瓷成型方式如：注浆成型、流延成型、胶态振动注模成型、注射成型、挤压成型、轧膜成型（压延成型）、干压成型等相比，具有设备简单、成型坯体组成均匀、缺陷少、无需脱脂、不易变形、净尺寸成型复杂形状零件及实用性很强等突出优点，受到国内外学术界和工业界的极大关注。目前，凝胶注模成型技术已广泛地应用于 Al_2O_3、ZrO_2、SiC、AlN、Si_3N_4 等氧化物或非氧化物的精密陶瓷体系[5]，随着技术的不断改进，凝胶注模成型工艺也已日趋完善并成为现代陶瓷材料的一种重要的成型方法。

一、 实验目的

1. 掌握凝胶注模成型的操作方法。
2. 理解凝胶注模成型的相关原理。
3. 学习 Zeta 电位测试方法，帮助理解双电层理论。

二、 实验原理

注凝成型技术将传统的陶瓷工艺和有机聚合物化学结合，将高分子单体聚合的方法灵活地引入陶瓷成型工艺中，通过制备低黏度、高固相含量的陶瓷浆料来获得净尺寸成型高强度、高密度、均匀性好的陶瓷坯体。该工艺的基本原理是在低黏度、高固相含量的浆料中加入有机单体，在催化剂和引发剂的作用下，使浆料中的有机单体交联聚合成三维网状结构，从而导致浓悬浮体凝胶化，最终产生原位凝固并达到成型的目的，得到显微结构非常均匀的坯体。这种成型方法的主要优点在于干燥和烧成收缩小，生坯强度高，有机物含量少（2%～5%），坯体结构均匀，对模具要求低，适合成型大尺寸、形状复杂的制品。

凝胶注模成型工艺通常采用丙烯酰胺为有机单体，N,N'-亚甲基双丙烯酰胺为交联剂，N,N,N',N'-四甲基乙二胺为催化剂，过硫酸铵为引发剂，通过丙烯酰胺单体自由基与交联剂在水溶液中聚合反应凝胶化实现对陶瓷悬浮体的原位固化成型。在聚丙烯酰胺凝胶形成的反应过程中，需要有催化剂和引发剂两部分。催化剂在凝胶形成中提供初始自由基，通过自由基的传递，使丙烯酰胺成为自由基，发动聚合反应，引发剂则可加快引发剂释放自由基的速度。采用凝胶注模成型，为制备高质量的素坯，必须控制单体的聚合过程。

此外，陶瓷浆料固相含量是影响凝胶注模成型坯体性能的另一主要因素。固相含量直接决定成型坯体的密度，高固相含量可以减少坯体在干燥过程中的收缩和翘曲，提高烧成密度，因此应尽可能地提高固相含量。但固相含量过高会影响浆料的流动性和可浇注性，需采用合适的分散技术调节浆料流动性，凝胶注模成型工艺中体积分数应达到50%以上。合适的分散剂、pH值及混合工艺是主要的调节手段。本实验在分散剂、混合工艺确定的情况下，着重学习陶瓷粉体Zeta电位测试方法，了解pH值与Zeta电位的关系，从而更好地理解双电层理论。

三、 实验药品及仪器

陶瓷粉末：氧化硅（SiO_2），粒度$10\mu m$以下。有机单体：丙烯酰胺（C_3H_5NO）。交联剂：N,N'-亚甲基双丙烯酰胺（$C_7H_{10}N_2O_2$）。引发剂：过硫酸铵［$(NH_4)_2S_2O_8$］。催化剂：N,N,N',N'-四甲基乙二胺（$C_{10}H_{24}N_2$）。溶剂：蒸馏水或去离子水。pH调节剂：氨水（$NH_3 \cdot H_2O$）、盐酸（HCl）。分散剂：聚丙烯酸铵或聚丙烯酸钠。增稠剂：聚乙烯醇。

主要仪器：烧杯，量筒，移液管，玻璃棒，搅拌器，干燥箱，温度计，pH计，分析天平，滴管，磁力搅拌器，蒸发皿。

四、 实验步骤

① 配制pH值分别为3.0、5.0、7.0、9.0、10.0、11.0、12.0的陶瓷浆料，测定其Zeta电位，并确定Zeta电位最大绝对值处对应的pH值。陶瓷浆料按照100份蒸馏水＋5份氧化硅配制，分散剂和增稠剂以氧化硅用量为基准，分别为氧化硅用量的1%（质量分数）和2%（质量分数）。

② 配制有机单体预混水溶液，即在100份蒸馏水中加入15份丙烯酰胺单体和交联剂（单体：交联剂＝20：1）。

③ 配制固相含量为55%的陶瓷浆料，即在预混水溶液中加入氧化硅粉末、分散剂和增稠剂［氧化硅用量按照固相含量为55%计算，分散剂、增稠剂用量按照氧化硅用量的1%（质量分数）和2%（质量分数）计算］，并以①中所得pH值为准调节浆料pH值，搅拌均匀。

④ 配制质量浓度为1%（质量分数）的引发剂溶液，在浆料中加入引发剂，引发剂溶液用量为陶瓷浆料的0.5%（质量分数），进一步搅拌均匀。

⑤ 将浆料浇注入模具，在$60\sim80℃$的水浴或干燥箱中加热；或在浆料中加入催化剂，催化剂用量为陶瓷浆料的0.1%（质量分数），搅拌均匀后浇注入模具，不需加热。经过一定时间后，浆料凝胶并逐渐固化成坯。

⑥ 脱模后的坯体需在80℃以上的温度下长时间干燥。

五、 实验记录与结果分析

① 绘制氧化硅陶瓷浆料Zeta电位与pH值关系图，确定等电位点及Zeta电位最大绝对值所对应pH值。

② 对干燥后的坯体，用肉眼观察有无裂痕等缺陷，测试坯体的密度、强度等物理性能。

③ 在光学显微镜或电子显微镜下观察其显微结构。

④ 实验结论：＿＿＿＿＿＿＿＿＿＿＿＿＿＿＿＿＿＿＿＿＿＿＿＿＿＿＿＿＿＿＿＿＿＿＿

＿＿

＿＿

六、 思考题

1. 凝胶注模成型的优缺点是什么？
2. 粉体 Zeta 电位为何受 pH 值的影响？

参考文献

[1] Janneyma. Method for molding ceramic powders：US4894194 ［P］. 1990-01-16.

[2] Janneyma，Omatete O O. Method for molding ceramic powders using a water-based gelcasting process：US 5145908 ［P］. 1992-09-08.

[3] Anonymous. Gelcasting，an alternative to current ceramic processes ［J］. Research and Development，1995，37 (9)：29.

[4] Omatete O O，Janneyma，Strehlowra. Gelcasting A new ceramic forming process ［J］. American Ceramic Society Bulletin，1991，70 (10)：1641-1649.

[5] 戴春雷，杨金龙，黄勇等. 凝胶注模成型延迟固化研究 ［J］. 无机材料学报，2005，20 (1)：83-89.

实验32 粉体材料的激光粒度分析

一、实验目的

1. 了解粒度测试的基本知识和基本方法。
2. 了解激光粒度分析的基本原理和特点。
3. 掌握用激光粒度分析仪测定粒度和粒度分布的方法。

二、实验原理

1. 粒度测试的基本知识

① 颗粒：在一定尺寸范围内具有特定形状的几何体。这里所说的一定尺寸一般在毫米到纳米之间，颗粒不仅指固体颗粒，还有雾滴、油珠等液体颗粒。

② 粉体：由大量的不同尺寸的颗粒组成的颗粒群。

③ 粒度：颗粒的大小叫做颗粒的粒度。

④ 粒度分布：用特定的仪器和方法反映出的不同粒径颗粒占粉体总量的百分数。有区间分布和累计分布两种形式。区间分布又称为微分分布或频率分布，它表示一系列粒径区间中颗粒的百分含量。累计分布也叫积分分布，它表示小于或大于某粒径颗粒的百分含量。

⑤ 遮光比：指样品颗粒在光束中的遮光横截面与光束总面积的比值。颗粒在测量介质中的浓度越高，则遮光比越大。

2. 粒度分布的表示方法

① 表格法：用表格的形式将粒径区间分布、累计分布一一列出的方法。

② 图形法：在直角标系中用直方图和曲线等形式表示粒度分布的方法。

③ 函数法：用数学函数表示粒度分布的方法。这种方法一般在理论研究时使用。如著名的 Rosin-Rammler 分布就是函数分布。

④ 粒径和等效粒径：粒径就是颗粒直径；等效粒径是指当一个颗粒的某一物理特性与同质的球形颗粒相同或相近时，我们就用该球形颗粒的直径来代表这个实际颗粒的直径。那么这个球形颗粒的粒径就是该实际颗粒的等效粒径。

a. 等效体积径：与实际颗粒体积相同的球的直径。一般认为激光法所测得的直径为等效体积径。

b. 等效沉速径：在相同条件下与实际颗粒沉降速率相同的球的直径。沉降法所测得的粒径为等效沉速径，又叫 Stokes 径。

c. 等效电阻径：在相同条件下与实际颗粒产生相同电阻效果的球形颗粒的直径。库尔特法所测得的粒径为等效电阻径。

d. 等效投影面积直径：与实际颗粒投影面积相同的球形颗粒的直径。显微镜法和图像法所测得的粒径大多是等效投影面积直径。

3. 表示粒度特性的几个关键指标

① D_{50}：一个样品的累计粒度分布百分数达到 50% 时所对应的粒径。它的物理意义是粒径大于它的颗粒占 50%，小于它的颗粒也占 50%，D_{50} 也叫中位径或中值粒径。D_{50} 常用来表示粉体的平均粒度。

② D_{97}：一个样品的累计粒度分布数达到 97% 时所对应的粒径。它的物理意义是粒径小于它的颗粒占 97%。D_{97} 常用来作为粉体粗端的粒度指标。其他如 D_{16}、D_{90} 等参数的定义与物理意义与 D_{97} 相似。

③ 比表面积：单位质量的颗粒的表面积之和。比表面积的单位为 m^2/kg 或 cm^2/g。比表面积与粒度有一定的关系，粒度越细，比表面积越大，但这种关系并不一定是正比关系。

4. 粒度测试的重复性

表示同一个样品多次测量结果之间的偏差。重复性指标是衡量一个粒度测试仪器和方法好坏的最重要的指标。它的计算方法是：

$$\sigma = \sqrt{\frac{\sum (x_i - x)^2}{n}}; \quad \delta = \frac{\sigma}{x} \times 100\% \tag{32-1}$$

式中　n——测量次数，一般 $n \geqslant 10$；

　　　x_i——每次测试结果的典型值，一般为 D_{50} 值；

　　　x——多次测试结果典型值的平均值；

　　　σ——标准差；

　　　δ——重复性相对误差。

影响粒度测试重复性的因素有：仪器和方法本身的因素；样品制备方面的因素；环境与操作方面的因素等。粒度测试应具有良好的重复性，这是对仪器和操作人员的基本要求。

5. 测试原理

激光法是根据激光照射到颗粒后，颗粒能使激光产生衍射或散射的现象来测试粒度分布的。由激光器发出的激光，经扩束后成为一束直径为 10mm 左右的平行光。在没有颗粒的情况下该平行光通过富氏透镜后汇聚到后焦平面上（见图 32-1）。

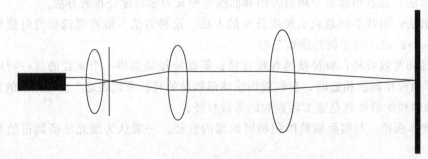

图 32-1　没有颗粒情况下的光路示意图

当通过适当的方式将一定量的颗粒均匀地放置到平行光束中时，平行光将发生散射现象。一部分光将与光轴成一定角度向外传播（见图 32-2）。

散射现象与粒径之间的关系：大颗粒引发的散射光的角度小，颗粒越小，散光与轴之间

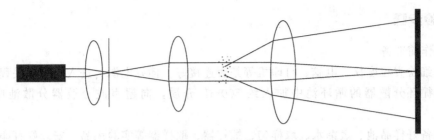

图 32-2 有颗粒情况下的光路示意图

的角度就越大。这些不同角度的散射光通过富氏透镜后在焦平面上形成一系列不同半径的光环，由这些光环组成的明暗交替的光斑称为 Airy 斑。Airy 斑中包含着丰富的粒度信息，简单来理解，就是半径大的光环对应着较小的粒径；半径小的光环对应着较大的粒径；不同半径的光环光的强弱，包含该粒径颗粒的数量信息。这样，在焦平面上放置一系列的光电接收器，将由不同粒径颗粒散射的光信号转换成电信号，并传输到计算机中，通过米氏散射理论对这些信号进行数学处理，就可以得到粒度分布了。

三、 实验仪器

BT-9300H 激光粒度分布仪（丹东百特科技有限公司），如图 32-3 所示。

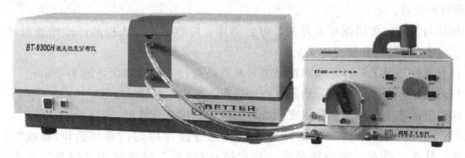

图 32-3 BT-9300H 激光粒度分布仪

BT-9300H 激光粒度分布仪结构原理如图 32-4 所示。

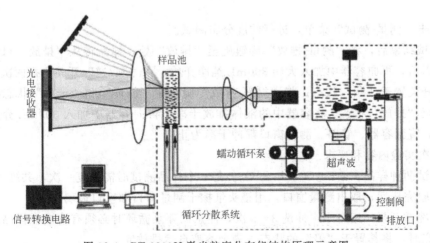

图 32-4 BT-9300H 激光粒度分布仪结构原理示意图

四、 实验步骤

1. 操作前准备

① 仔细检查粒度仪、电脑、打印机等是否连接好。插好电源，进入电脑相关程序。

② 向循环分散器的循环池中加入约 500mL 介质，向超声波分散器分散池中加入约 250mL 水。

③ 准备好样品池、蒸馏水、取样勺、搅拌器、取样器等实验用品，安装好打印机。

④ 取样与悬浮液的配置。

a. 取样时要尽量多点取样。将样品缩分。样品的缩分方法有勺取法、锥形四分法、分样器法。

b. 根据样品的化学性能正确选择介质和分散剂，将样品在循环池内配置成悬浮液。

2. 操作步骤

① 准备：打开循环分散器的电源，将"循环-排放"旋钮调至"循环"状态，检查蠕动管是否有磨损现象，将泵头压下。

② 测量"背景"：打开"循环泵"开关时介质处于循环状态，当介质充满管路，并从回水口流回循环池后，就可以测量"背景"了。测试软件将自动测试"背景"，在显示背景状态良好及以上时，便可进行下面的操作步骤；如果显示背景状态差，则需要对分散池进行清洗和更换新的介质。

③ 加样与分散：关闭循环泵开关，停止循环；向容器中加入样品，试样量为 (1/5)～ (1/3) 勺（与样品种类和粒度有关）。

④ 打开搅拌器开关，打开超声波开关，对样品进行分散与均化处理 3～5min。

⑤ 打开"循环泵"开关，启动测试程序进行"浓度"测试。

⑥ 调整样品浓度：调整样品浓度到合适的测量范围（计算机已定）。

样品浓度太高时，打开搅拌器开关将样品充分搅拌均匀，将"循环/排放"旋钮置于"排放"状态，排出一部分样品后，将"循环/排放"旋钮置于"循环"状态，加水稀释，直到浓度合适为止。浓度太低时，关闭循环泵开关，再向循环池中加适量样品，打开搅拌器和超声波开关进行分散，然后打开循环泵开关测试浓度，直到浓度合适为止。

⑦ 单击"测量-测试"菜单，进行粒度分布测试。

⑧ 测试结束后，将"测量-排放"旋钮旋至"排放"处，样品将从"排放"口流出。全部排放完以后，再向容器中加入大约 300mL 纯净介质，将"顺/逆"开关切换两次，然后将"顺/逆"开关置于"顺"状态；将"循环-排放"旋钮在"循环"和"排放"状态间切换两次，再旋至"排放"状态，将容器中的液体排放干净。再向容器中加入 300mL 介质，重复上述过程，直到容器、管路、测量窗口都冲干净为止。

3. 本次实验内容和要求

① 测试两种样品：a. Fe_2O_3；b. SnO_2。每一个样品测试时需重复一次，共测 3 组。

② 实验完毕后，取出测量窗口，用镜头纸擦干测量窗口和窗口玻璃。

③ 清洗循环泵，用自来水冲洗 3～5 次，注意循环泵循环时必须有溶液在样品槽中，样品快排放完时，将其置于"停"的状态，剩余溶液自然排放完。

④ 实验完毕后，关闭所有电源，拔下相应的插座。

⑤ 实验结论: _____

_____

_____

五、 思考题

1. 粒度分析有哪些常用的方法?

2. 激光粒度分析的基本原理和特点是什么?

3. 如何描述测量结果的重复性? 影响测量结果重复性的主要因素是什么?

附: 筛目-微米对照表。

筛目	微米(μm)	筛目	微米(μm)
20	850	270	53
25	710	325	45
30	600	400	38
35	500	450	32
40	425	500	28
45	355	600	23
50	300	700	20
60	250	800	18
70	212	1000	13
80	180	1250	10
100	150	1670	8.5
120	125	2000	6.5
140	106	5000	2.5
170	90	8000	1.5
200	75	10000	1.3
230	63	12000	1.0

实验 33　硬脂酸对碳酸钙的表面改性

在塑料橡胶和涂料等行业中，碳酸钙等无机粉体作为填充改性材料占据很重要的地位。无机填料既可提高复合材料的刚性、硬度、耐腐蚀性、耐磨性、耐热性、绝缘性和制品的尺寸稳定性，又能降低制品的成本。但由于无机粉体表面存在较强的亲水性羟基，呈亲水疏油性，作为填充材料与基体材料复合时，与有机高聚物的表面或界面之间的极性差异较大[1]，相容性不好，本身易团聚，因而在基体中难以均匀分散，从而容易导致复合材料的力学性能和热学性能的下降。因此，必须对其进行适当的表面处理，以改善其表面物化性质，提高与有机物基体的相容性和分散性，增强材料的机械物理性能和综合性质。

表面疏水性改性就是利用机械、物理、化学等方法，根据材料应用的需要，有针对性地改变粉体表面的物化性质，如表面能、表面润湿性、吸附和反应特性等，以满足现代新型材料和新技术发展的需要[2]。

常用的无机粉体疏水性改性方法可分为干法和湿法。其中，干法改性工艺简单，改性剂损失较少，改性时间短且效果好。

1. 湿法改性

无机粉体常采用湿法进行改性。在碳化后期加入表面疏水改性剂，使无机粉体表面吸附表面改性剂，经过滤、干燥、粉碎后可以得到疏水性改性粉体[3,4]。但湿法改性具有改性剂损失大、需要后处理等问题，使得改性效果有所降低，成本有所增加。

2. 干法改性

无机粉体的干法改性是将粉体放入高速搅拌的容器内，将容器加热到一定的温度，通过喷洒或混合的方式加入定量表面改性剂，高速搅拌使得无机粉体颗粒与改性剂表面相互作用，从而在粉体表面形成一层改性剂包覆层，最终达到对其表面进行疏水性改性的目的[5]。目前应用的表面疏水性改性剂主要有偶联剂、表面活性剂、水溶性高分子、有机硅、有机低聚物、不饱和有机酸以及无机表面改性剂。国内一些常见的表面疏水性改性剂品种及应用列于表 33-1 中[6]。

表 33-1　国内常见的表面疏水性改性剂品种及应用

名称		品种	应用
偶联剂	钛酸酯 硅烷 铝酸酯	单烷氧基型；螯合型；配合型氨 基硅烷；硅烷酯类 DL-411-A、DL-451-A 等	碳酸钙、氢氧化铝等 石英、叶蜡石等 碳酸钙、粉煤灰等
表面活性剂	阴离子 阳离子 非离子	硬脂酸、高级磷酸酯盐等 高级铵盐等 聚乙二醇型、多元醇型	碳酸钙、氢氧化镁等 叶蜡石等

名称	品种	应用
水溶性高分子	聚丙烯酸、聚乙烯醇等	磷酸钙、铁红等
有机硅	二甲基硅油、羟基硅油等	二氧化硅、高岭土等
有机低聚物	无规聚丙烯、环氧树脂等	二氧化硅、碳酸钙等
不饱和有机酸	丙烯酸、马来酸等	长石、二氧化硅等
无机表面改性剂	钛盐、硅酸盐、铝盐、镁盐等	云母、氧化铝、颜料等

一、 实验目的

1. 学习无机非金属粉体表面改性的基本方法。
2. 了解无机非金属材料的表征方法和分析方法。
3. 了解硬脂酸对碳酸钙表面改性的基本原理。

二、 实验原理

碳酸钙粉末具有价格低廉、无毒、无刺激性、色泽好、白度高等优点，作为无机填料被广泛应用于橡胶、塑料、造纸、食品和医学等领域。但碳酸钙填充于各种聚合物中，存在明显的缺点：一是表面亲水疏油，在聚合物内部分散性差；二是碳酸钙和高聚物本体结合力差，仅能起增容作用，当使用高比例碳酸钙填充时，会导致聚合物材料性能急剧下降，以至于制品难以被加工和使用。为了改善碳酸钙与聚合物的相容性和分散性，增强其亲和力，必须采用不同的表面改性剂和处理方法对碳酸钙进行表面改性。

目前碳酸钙表面改性的方法有：表面化学反应改性、偶联剂改性、机械化学改性、表面接枝改性、表面包覆改性等。偶联剂分子的一端为极性基团，可以和碳酸钙颗粒表面的官能团起反应，形成稳定的化学键，另一端可与有机高分子链发生化学反应，从而把两种极性差异较大的材料紧密结合起来，并赋予复合材料较好的物理、机械性能。硬脂酸是一种成本低廉的有机酸，其分子结构中具有类似偶联剂的亲水疏油基团，可以对碳酸钙进行表面改性，且效果明显。

三、 实验药品及仪器

主要原料和试剂：自制碳酸钙，硬脂酸（$C_{17}H_{35}COOH$，AR）。

主要仪器与设备：电热鼓风干燥箱，电子天平，集热式恒温加热磁力搅拌器，增力电动搅拌器，傅里叶变换红外光谱仪，扫描电子显微镜，热分析仪，XRD衍射仪，表面张力仪。

四、 实验步骤

实验方法：将一定量硬脂酸放入150mL三口烧瓶中，然后将三口瓶置于恒温水浴中，装上回流冷凝装置，之后加热至反应温度，迅速加入适量工业碳酸钙，反应一段时间后于110℃下烘干，得到改性工业碳酸钙粉末，标记，置于干燥器中保存待用。通过单因素试验，根据样品的活化指数[4]确定改性的最佳试验条件。

测试与表征：本实验采用直接法来表征，即通过测定其活化指数、分散性及润湿性来反映表面性能。利用粒度分析、热分析、XRD、SEM、FT-IR表征硬脂酸改性工业碳酸钙的机理。

1. 活化指数

无机粉体的有机表面改性效果一般采用活化指数表征。称取 5.0g 改性后的工业碳酸钙样品置于装有 100mL 去离子水的烧杯中，搅拌 30min，24h 后取出上层漂浮的粉体，在烘箱中烘干，根据式（33-1）计算出活化指数[5]。

$$H = (m/m_{总}) \times 100\%$$

(33-1)

式中，H 为改性碳酸钙的活化指数；m 为漂浮在水面上粉体的质量，g；$m_{总}$ 为总的粉体质量，g。

工业碳酸钙经过有机表面改性后，表面包覆上一层有机分子，表面性质由亲水性变为亲油疏水性。当工业碳酸钙粉体所受的水的表面张力大于自身的重量时，就会漂浮在水面上。如果包覆不完全，经过一段时间后也会发生沉淀。通常情况下有机表面改性效果越好，则漂浮在水面上的粉体颗粒就越多，活化指数也就越高。因此，活化指数能够在一定程度上反映包覆效果的好坏。

2. FT-IR 分析

将硬脂酸、改性前后的工业碳酸钙等测试样品粉末分别与 KBr 混合压片，将制好的样片放入 Spectrum One 型傅里叶变换红外光谱仪中用于对样品表面的红外光谱的变化的表征，在 4000～500cm^{-1} 范围内摄谱。

3. 热分析

采用热分析仪在高纯氮气（99.99％）气氛中对工业碳酸钙和改性工业碳酸钙粉料进行 TG-DSC 分析，升温速率为 20℃/min，用于测试的样品为 6～7mg，扫描温度的范围为 25～700℃，容器为刚玉坩埚。

4. 扫描电子显微镜分析（SEM）

用扫描电子显微镜观测改性前后工业碳酸钙的形貌。

5. X 射线衍射（XRD）

用 XRD 表征碳酸钙改性前后的晶体变化。实验条件：Cu 靶辐射，管电压 35kV，管电流 60mA，连续记谱扫描，扫描速度 8°/min，步宽 0.02°。

6. 润湿接触角

润湿接触角的测试和计算方法为：首先测试蒸馏水对测量筒的润湿性，以便在测量蒸馏水对工业碳酸钙的接触角试验数据里作校准文件；取 1g 工业碳酸钙放入测量筒中，测量环己烷对工业碳酸钙的润湿性；取 1g 工业碳酸钙放入测量筒中，测量蒸馏水对工业碳酸钙的润湿性；以环己烷对工业碳酸钙的接触角为 0°，计算出蒸馏水对磷渣的接触角。

7. 分散稳定性

将一定量改性前后的工业碳酸钙样品分别加入盛有 50mL 溶剂的具塞比色管中，超声 30min，静置，观察粉体的分散性能。

五、实验数据记录

① 活化指数

a. 不同量硬脂酸改性后碳酸钙的活化指数

硬脂酸用量％（质量分数）	0.5	1	1.5	2	3	4
活化指数/％						

b. 改性温度对活化指数的影响

反应温度/℃	60	70	80	90	100	110
活化指数/%						

c. 改性时间对活化指数的影响

反应时间/min	10	20	30	40	50	60
活化指数/%						

② 润湿接触角：硬脂酸用量对润湿接触角的影响

硬脂酸用量%（质量分数）	0.5	1	1.5	2	3	4
润湿接触角/°						

③ 分散稳定性：硬脂酸用量对分散稳定性的影响

硬脂酸用量%（质量分数）	0.5	1	1.5	2	3	4
分散稳定性						

④ FT-IR 分析结果：对改性前后的纳米碳酸钙进行红外光谱分析：a. 改性前后 CO_3^{2-} 的特征峰的变化情况和原因；b. 改性后产品有无新的特征吸收峰，如果有，是什么大的吸收峰，产生的原因是什么，这些现象说明了什么？

⑤ 热分析结果：研究改性前后碳酸钙粉体的热分析结果，分析每一失重过程的机理和原因。

⑥ XRD 分析结果：对比改性前后碳酸钙粉体的物相结构有无差异。

⑦ SEM 对比分析：对比改性前后碳酸钙粉体的颗粒形貌与大小的区别。

⑧ 实验结论：_____

六、思考题

1. 碳酸钙表面改性的意义是什么？

2. 举例说明还有哪些试剂可以对碳酸钙进行疏水性表面改性。

参考文献

[1] 宋晶，李友明，唐艳军. 纳米碳酸钙的表面改性及其界面行为 [J]. 化工新型材料，2006，34 (10)：43-46.

[2] 郑水林. 粉体表面改性 [M]. 北京：中国建材工业出版社，2003.

[3] 韩冰，黄艳，黄海溶. 新型碳酸钙湿法改质剂 XH-CS01 的研制及应用研究 [J]. 中国粉体技术，2006，12 (5)：12-15.

[4] 章正熙，华幼卿，陈建峰等. 纳米碳酸钙湿法表面改性的研究及其机理探讨 [J]. 北京化工大学学报：自然科学版，2002，29 (3)：49-52.

[5] 郑水林. 影响粉体表面改性效果的主要因素 [J]. 中国非金属矿工业导刊，2003，31 (1)：13-16.

[6] 吴宏富，余绍火. 中国粉体工业通鉴 [M]. 北京：中国建材工业出版社，2006.